もくじ

算数5年
東京書籍版
新編 新しい算数

教科書ぴったりトレーニング
▶ 3分でまとめ動画

巻末	夏のチャレンジテスト／冬のチャレンジテスト／春のチャレンジテスト／学力診断テスト	とりはずして お使いください
別冊	答えとてびき	

3分でまとめ

① 整数と小数

整数と小数

教科書 上 8〜13 ページ ▶ 答え 1 ページ

✎ 次の ▢ にあてはまる数やことばを書きましょう。

◎めあて 整数や小数のしくみを理解しよう。　　練習 ❶❷❸➡

★ 整数や小数では、0 から 9 の数字が書かれた位置によって、何の位かが決まります。
★ それぞれの数字は、その位の数が何こあるかを表しています。
★ 0 から 9 の数字と小数点を使うと、どんな大きさの整数や小数でも表すことができます。

1 5613 と 5.613 という数のしくみを調べます。▢ にあてはまる数字を書きましょう。
(1) $5613 = 1000 \times \square + 100 \times \square + 10 \times \square + 1 \times \square$
(2) $5.613 = 1 \times \square + 0.1 \times \square + 0.01 \times \square + 0.001 \times \square$

解き方

位取りのしくみは、整数も小数も同じだね。

(1) 5613
$= 1000 \times$ ① ……5000
$+ 100 \times$ ② ……600
$+ 10 \times$ ③ ………10
$+ 1 \times$ ④ ………3
あわせて 5613

(2) 5.613
$= 1 \times$ ⑤ ……5
$+ 0.1 \times$ ⑥ … ⑨
$+ 0.01 \times$ ⑦ … ⑩
$+ 0.001 \times$ ⑧ … ⑪
あわせて 5.613

◎めあて 小数や整数を 10 倍、100 倍、…、$\frac{1}{10}$、$\frac{1}{100}$、…にできるようにしよう。　練習 ❹❺❻➡

★ 小数や整数を 10 倍、100 倍、1000 倍、…すると、位は、それぞれ 1 けた、2 けた、3 けた、…ずつ上がります。

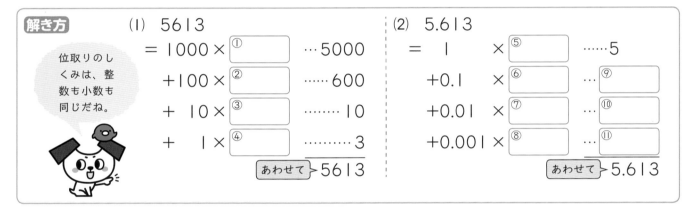

★ 小数や整数を $\frac{1}{10}$、$\frac{1}{100}$、$\frac{1}{1000}$、…にすると、位はそれぞれ 1 けた、2 けた、3 けた、…ずつ下がります。

2 47.21 を 10 倍、100 倍した数、$\frac{1}{10}$、$\frac{1}{100}$ にした数を書きましょう。

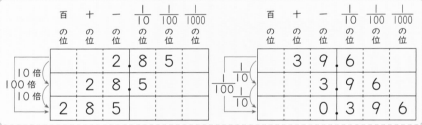

解き方 10 倍、100 倍すると、小数点はそれぞれ ① に、1 けた、2 けたうつるから、
10 倍した数は ② 、100 倍した数は ③ となります。
$\frac{1}{10}$、$\frac{1}{100}$ にすると、小数点はそれぞれ ④ に、1 けた、2 けたうつるから、
$\frac{1}{10}$ にした数は ⑤ 、$\frac{1}{100}$ にした数は ⑥ となります。

教科書ぴったりトレーニング 算数 5年 がんばり表

いつも見えるところに、この「がんばり表」をはっておこう。
この「ぴたトレ」を学習したら、シールをはろう！
どこまでがんばったかわかるよ。

6. 合同な図形

34〜35ページ ぴったり12
できたらシールをはろう

36〜37ページ ぴったり12
できたらシールをはろう

38〜39ページ ぴったり3
できたらシールをはろう

●小数の倍

32〜33ページ ぴったり3
できたらシールをはろう

30〜31ページ ぴったり12
できたらシールをはろう

28〜29ページ ぴったり12
できたらシールをはろう

5. 小数のわり算

26〜27ページ ぴったり3
できたらシールをはろう

24〜25ページ ぴったり12
できたらシールをはろう

22〜23ページ ぴったり12
できたらシールをはろう

4. 小数のかけ算

20〜21ページ ぴったり3
できたらシールをはろう

18〜19 ぴったり12
できたらシールをはろ

7. 図形の角
① 三角形と四角形の角
② しきつめ

40〜41ページ ぴったり12
できたらシールをはろう

42〜43ページ ぴったり3
できたらシールをはろう

8. 偶数と奇数、倍数と約数
① 偶数と奇数　③ 約数と公約数
② 倍数と公倍数

44〜45ページ ぴったり12
できたらシールをはろう

46〜47ページ ぴったり12
できたらシールをはろう

48〜49ページ ぴったり12
できたらシールをはろう

50〜51ページ ぴったり3
できたらシールをはろう

9
①
②

52 ぴ

14. 割合
① 割合　③ 練習
② 百分率の問題　④ わりびき、わりましの問題

100〜101ページ ぴったり3
できたらシールをはろう

98〜99ページ ぴったり12
できたらシールをはろう

96〜97ページ ぴったり12
できたらシールをはろう

13. 四角形と三角形の面積
① 平行四辺形の面積の求め方　③ 三角形の高さと面積の関係
② 三角形の面積の求め方

94〜95ページ ぴったり3
できたらシールをはろう

92〜93ページ ぴったり12
できたらシールをはろう

90〜91ページ ぴったり12
できたらシールをはろう

88〜89ページ ぴったり12
できたらシールをはろう

86〜87ページ ぴったり12
できたらシールをはろう

12. 単
① こみぐ
② いろい

84〜85 ぴった
できた
シールを

15. 帯グラフと円グラフ

102〜103ページ ぴったり12
できたらシールをはろう

104〜105ページ ぴったり12
できたらシールをはろう

106〜107ページ ぴったり3
できたらシールをはろう

16. 変わり方調べ

108ページ ぴったり12
できたらシールをはろう

109ページ ぴったり3
できたらシールをはろう

17. 正多角形と円周の長さ
① 正多角形
② 円のまわりの長さ

110〜111ページ ぴったり12
できたらシールをはろう

112〜113ページ ぴったり12
できたらシールをはろう

114〜115ページ ぴったり3
できたらシールをはろう

18.
① 角柱
② 角柱

116〜 ぴった
でき

好きななまえを
つけてね！

なまえ

ぴた犬
（おとも犬）
シールを
はろう

シールの中から好きなぴた犬を選ぼう。

3. 比例

16〜17ページ	14〜15ページ	12〜13ページ
ぴったり12	ぴったり3	ぴったり12
できたらシールをはろう	できたらシールをはろう	できたらシールをはろう

2. 直方体や立方体の体積

❶ もののかさの表し方
❷ いろいろな体積の単位

10〜11ページ	8〜9ページ	6〜7ページ
ぴったり3	ぴったり12	ぴったり12
できたらシールをはろう	できたらシールをはろう	できたらシールをはろう

1. 整数と小数

4〜5ページ	2〜3ページ
ぴったり3	ぴったり12
できたらシールをはろう	できたらシールをはろう

スタート

分数と小数、整数の関係

わり算と分数
分数と小数、整数の関係

〜53ページ	54〜55ページ	56〜57ページ
たり12	ぴったり12	ぴったり3
できたらシールをはろう	できたらシールをはろう	できたらシールをはろう

★考える力をのばそう

58〜59ページ
できたらシールをはろう

活用 算数で読みとこう

60〜61ページ
できたらシールをはろう

10. 分数のたし算とひき算

❶ 分数のたし算、ひき算と約分、通分　❸ 時間と分数
❷ いろいろな分数のたし算、ひき算

62〜63ページ	64〜65ページ	66〜67ページ
ぴったり12	ぴったり12	ぴったり12
できたらシールをはろう	できたらシールをはろう	できたらシールをはろう

位量あたりの大きさ

あい　　　　　　　　❸ 速さ
ろな単位量あたりの大きさ

82〜83ページ	80〜81ページ	78〜79ページ	76〜77ページ
❸ ぴったり12	ぴったり12	ぴったり12	ぴったり12
できたらシールをはろう	できたらシールをはろう	できたらシールをはろう	できたらシールをはろう

11. 平均

❶ 平均と求め方
❷ 平均の利用

74〜75ページ	72〜73ページ	70〜71ページ	68〜69ページ
ぴったり3	ぴったり12	ぴったり3	ぴったり12
できたらシールをはろう	できたらシールをはろう	できたらシールをはろう	できたらシールをはろう

角柱と円柱

と円柱
と円柱の展開図

17ページ	118〜119ページ	120〜121ページ
12	ぴったり12	ぴったり3
できたらシールをはろう	できたらシールをはろう	できたらシールをはろう

★考える力をのばそう

122〜123ページ
できたらシールをはろう

5年のふくしゅう

124〜127ページ
できたらシールをはろう

★プログラミングを体験しよう！

128ページ
プログラミング
できたらシールをはろう

ゴール

さいごまで
がんばったキミは
「ごほうびシール」
をはろう！

教科書 上 8〜13 ページ　答え 1 ページ

① ◻にあてはまる数字を書きましょう。　教科書 9 ページ 1、10 ページ △

① $543.21 = 100 \times \boxed{ア} + 10 \times \boxed{イ} + 1 \times \boxed{ウ} + 0.1 \times \boxed{エ} + 0.01 \times \boxed{オ}$

② $20.135 = 10 \times \boxed{ア} + 1 \times \boxed{イ} + 0.1 \times \boxed{ウ} + 0.01 \times \boxed{エ} + 0.001 \times \boxed{オ}$

② ◻にあてはまる不等号を書きましょう。　教科書 10 ページ △

① $0.01 \boxed{} 0$　　② $5 \boxed{} 5.083$　　③ $27 \boxed{} 27.4 - 4$

③ 次の数は、0.001 を何こ集めた数ですか。　教科書 11 ページ 2・△

① 0.008 （　　　）　② 0.402 （　　　）　③ 3.6 （　　　）

④ 次の問題に答えましょう。　教科書 12 ページ 4、13 ページ 5

① 2.47 を 10 倍、100 倍、1000 倍した数を書きましょう。

㋐ 10 倍 （　　　）　㋑ 100 倍 （　　　）　㋒ 1000 倍 （　　　）

② 863 を $\frac{1}{10}$、$\frac{1}{100}$、$\frac{1}{1000}$ にした数を書きましょう。

㋐ $\frac{1}{10}$ （　　　）　㋑ $\frac{1}{100}$ （　　　）　㋒ $\frac{1}{1000}$ （　　　）

⑤ 次の問題に答えましょう。　教科書 12 ページ △、13 ページ △

① 次の数は、それぞれ 1.35 を何倍した数ですか。

㋐ 13.5 （　　　）　㋑ 135 （　　　）　㋒ 1350 （　　　）

② 次の数は、それぞれ 65.2 を何分の一にした数ですか。

㋐ 6.52 （　　　）　㋑ 0.652 （　　　）　㋒ 0.0652 （　　　）

⑥ 次の計算をしましょう。　教科書 12 ページ △、13 ページ △

① 4.13×10　　② 57.3×1000　　③ 3.81×100

④ $65.9 \div 10$　　⑤ $71.64 \div 1000$　　⑥ $13.8 \div 100$

ヒント ④ ① 10 倍、100 倍、1000 倍、…すると、小数点は右に 1 けた、2 けた、3 けた、…うつります。
⑤ ② 65.2 と比べて、小数点が左に何けたうつっているかを考えます。

3

ぴったり③
確かめのテスト

① 整数と小数

時間 30分
／100
合格 80点

教科書　上8〜15ページ　　答え　2ページ

知識・技能

／80点

1 よく出る　1.435という数のしくみについて調べます。　　　各3点(6点)

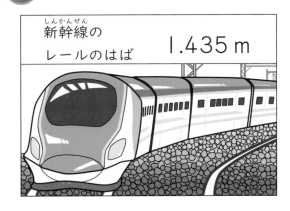

新幹線の
レールのはば　1.435 m

① $\dfrac{1}{100}$ の位の数字は何ですか。

（　　　　　　　）

② 1.43⑤の⑤は、どんな数が5こあることを表していますか。

（　　　　　　　）

2 □にあてはまる数字を書きましょう。　　　全部できて 1問5点(10点)

① $705 = 100 \times$ ㋐□ $+ 10 \times$ ㋑□ $+ 1 \times$ ㋒□

② $32.48 = 10 \times$ ㋐□ $+ 1 \times$ ㋑□ $+ 0.1 \times$ ㋒□ $+ 0.01 \times$ ㋓□

3 次の数は、0.001を何こ集めた数ですか。　　　各3点(6点)
① 3.015　　　　　　　② 20

（　　　　　　　）　　（　　　　　　　）

4 次の数は、それぞれ0.032を何倍した数ですか。　　　各3点(9点)
① 32　　　　　　② 3200　　　　　　③ 3.2

（　　　　）　　（　　　　）　　（　　　　）

5 次の数は、それぞれ86.4を何分の一にした数ですか。　　　各3点(9点)
① 8.64　　　　　　② 0.0864　　　　　　③ 0.864

（　　　　）　　（　　　　）　　（　　　　）

6 よく出る 次の数を書きましょう。　　　　　　　　　各4点(16点)

① 7.29 を 10 倍した数　　　　　② 4.3 を 100 倍した数

（　　　　　　　）　　　　　　　　　　（　　　　　　　）

③ 1.06 を $\frac{1}{10}$ にした数　　　　④ 5.28 を $\frac{1}{100}$ にした数

（　　　　　　　）　　　　　　　　　　（　　　　　　　）

7 次の計算をしましょう。　　　　　　　　　　　各4点(24点)

① 42.3×10　　　　　　　　　② 3.8×100

③ 8.25×1000　　　　　　　　④ 675.9÷10

⑤ 7.4÷100　　　　　　　　　⑥ 12.86÷1000

思考・判断・表現　　　　　　　　　　　　　　　　　／20点

8 下の□に、右の数字のカードをあてはめて、次の小数をつくりましょう。
　　　　　　　　　　　　　　　　　各5点(10点)

□□.□□□

① いちばん大きい数　　　　　（　　　　　　　）

② 50 にいちばん近い数　　　　（　　　　　　　）

できたらスゴイ！

9 下の□に、右の数字と小数点のカードをあてはめて、次の小数をつくりましょう。
　　　　　　　　　　　　　　　　　各5点(10点)

□□□□□

① いちばん小さい数　　　　　（　　　　　　　）

② 10 にいちばん近い数　　　　（　　　　　　　）

いちばん左の□と
いちばん右の□に
は、小数点を
あてはめられないよ。

ふりかえり **2** がわからないときは、2 ページの **1** にもどって確にんしてみよう。

3分でまとめ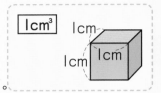

2 直方体や立方体の体積

① もののかさの表し方

教科書 上 16〜23 ページ ▤ 答え 3 ページ

✎ 次の ☐ にあてはまる数を書きましょう。

🎯めあて もののかさ(体積)を、単位 cm³ を使って表せるようにしよう。 練習 ❶ ❷ →

⭐ もののかさのことを、**体積**といいます。

⭐ | 辺が | cm の立方体の体積を
  立方センチメートルといい、| cm³ と書きます。

⭐ 直方体や立方体の体積は、| cm³ の立方体が何こ分あるかで表します。

| 1cm³ | 立方体図 1cm×1cm×1cm

1 右のような形の体積は
何 cm³ ですか。

(1) 1cm / 1cm / 3cm の直方体

(2) 1cm / 0.5cm / 4cm / 1cm の直方体

解き方 (1) | cm³ の立方体が ☐ こ分だから、体積は ☐ cm³ です。

(2) を 2 つあわせると、| cm³ の立方体になります。

全部で、| cm³ の立方体が ☐ こ分だから、体積は ☐ cm³ です。

🎯めあて 直方体や立方体の体積を、計算で求められるようにしよう。 練習 ❸ ❹ →

🐾 **直方体と立方体の体積の公式**

⭐ **直方体の体積＝たて×横×高さ**   ⭐ **立方体の体積＝| 辺×| 辺×| 辺**

2 右の直方体や立方体の
体積は何 cm³ ですか。

(1) 3cm / 2cm / 5cm の直方体

(2) 4cm / 4cm / 4cm の立方体

解き方 (1) ☐ × ☐ × ☐ ＝ ☐ (cm³)

(2) ☐ × ☐ × ☐ ＝ ☐ (cm³)

3 右のような形の体積を求めましょう。

 いろいろな考え方が
できるね。

4cm / 3cm / 2cm / 2cm / 7cm の形

解き方 この形を、図の点線で分けて、左の直方体と右の直方体の体積をあわせます。

$4 \times 2 \times$ ①☐ $+ 4 \times$ ②☐ $\times$ ③☐ $=$ ④☐ $+$ ⑤☐ $=$ ⑥☐ (cm³)
　　　　　左　　　　　　　右　　　　　　　　左　　　右　　全体

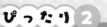

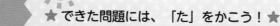

★ できた問題には、「た」をかこう！★

でき ① でき ② でき ③ でき ④

学習日　　月　　日

📖教科書　上16〜23ページ　⇒答え　3ページ

1 下の直方体や立方体の体積は何 cm³ ですか。　教科書 17ページ **1**

①  （　　　　　）

② 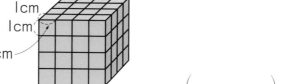 （　　　　　）

2 下のような形の体積は何 cm³ ですか。　教科書 18ページ △2

①  （　　　　　）

② （　　　　　）

3 下の直方体や立方体の体積は何 cm³ ですか。　教科書 19ページ **2**、20ページ △3

① 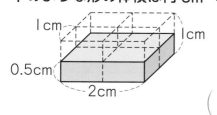 ② ③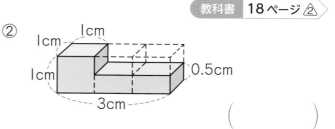

🔍よくみて

④ 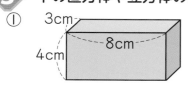 ⑤ 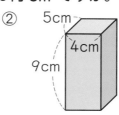 ⑥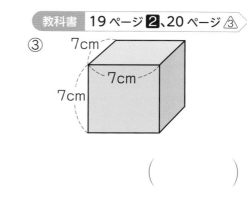

4 下のような形の体積を求めましょう。　🔍よくみて　教科書 21ページ **3**

① 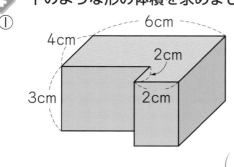 ②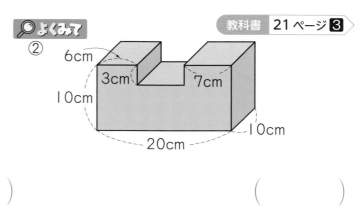

3 ④⑤⑥は、単位に気をつけます。m で表された長さは、cm で表します。
4 いくつかの直方体に分けたり、へこんだところをひいたりします。

7

教科書 上 26〜29 ページ　　答え 4 ページ

✏ 次の □ にあてはまる数を書きましょう。

🎯めあて　大きなものの体積の単位 m³ を使って体積を表せるようにしよう。　練習 ➊ ➋ ➡

🐾 **大きなものの体積の単位**

⭐ | 辺が | m の立方体の体積を **| 立方メートル**（りっぽう）といい、| m³ と書きます。

⭐ | m³ ＝ 1000000 cm³

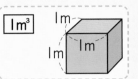

1 右の立方体や直方体の体積は何 m³ ですか。

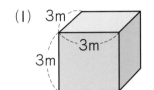

(1) 3m / 3m / 3m

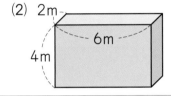

(2) 2m / 6m / 4m

解き方 (1)　立方体の体積＝| 辺×| 辺×| 辺

① □ × ② □ × ③ □ ＝ ④ □

答え ⑤ □ m³

(2)　直方体の体積＝たて×横×高さ

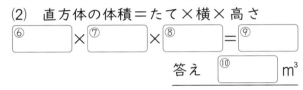

⑥ □ × ⑦ □ × ⑧ □ ＝ ⑨ □

答え ⑩ □ m³

2 | m³ は何 cm³ ですか。

解き方 | m³ の立方体には、| cm³ の立方体が、

たてに ① □ こ、横に ② □ こ、高さに ③ □ こ ならびます。

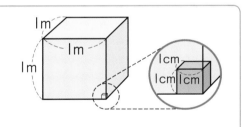

| m³ の立方体は、| cm³ の立方体の何こ分かを考えます。

④ □ × ⑤ □ × ⑥ □ ＝ ⑦ □ （こ分）

だから、| m³ ＝ ⑧ □ cm³

🎯めあて　容積（ようせき）を求めたり、体積の単位の関係を理解（りかい）したりしよう。　練習 ➌ ➍ ➎ ➡

⭐入れ物の内側の長さを**内のり**（うち）、入れ物の中いっぱいに入る水などの体積をその入れ物の**容積**といいます。

⭐| L ＝ 1000 cm³　　⭐| mL ＝ | cm³

| 1L | 10cm / 10cm / 10cm

3 右の水そうの容積は何 cm³ ですか。また、何 L ですか。

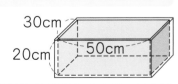

30cm / 20cm / 50cm

解き方 内のりのたては ① □ cm、横は ② □ cm、深さは ③ □ cm です。

水そうの容積は、④ □ × ⑤ □ × ⑥ □ ＝ ⑦ □

答え ⑧ □ cm³

1000 cm³ ＝ | L だから、30000 cm³ ＝ ⑨ □ L

答え ⑩ □ L

教科書　上 26〜29 ページ　　答え　4 ページ

1 下の直方体や立方体の体積は何 m³ ですか。　　　教科書 27 ページ△

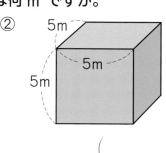

① 6m　4m　6m

② 5m　5m　5m

③ 4m　3m　8m

(　　　　　　) 　　　(　　　　　　) 　　　(　　　　　　)

2 次の ☐ にあてはまる数を書きましょう。　　　教科書 26 ページ 1

①　1 m³＝ ☐ cm³　　　　　②　20 m³＝ ☐ cm³

③　4000000 cm³＝ ☐ m³　　　④　6000000 cm³＝ ☐ m³

3 厚さ 2 cm の板で、右のような直方体の形をした入れ物を作りました。

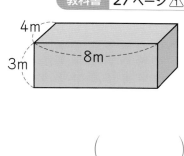

教科書 27 ページ 2、29 ページ△

①　この入れ物の内のりを求めましょう。

たて (　　　　　) 　横 (　　　　　) 　深さ (　　　　　)

②　この入れ物の容積は何 cm³ ですか。

(　　　　　　　　　　)

24cm　54cm　42cm

！まちがい注意

③　この入れ物の容積は何 L ですか。

(　　　　　　　　　　)

4 次の ☐ にあてはまる数を書きましょう。　　　教科書 27 ページ 2

①　1 L＝ ☐ cm³　　　　　②　8000 cm³＝ ☐ L

③　1 mL＝ ☐ cm³　　　　　④　1 m³＝ ☐ L

5 長さや面積、体積の単位どうしの関係を調べます。表のあいているところに、あてはまる数を書きましょう。　　　教科書 27 ページ 2

1 辺の長さ		1 cm	10 cm	1 m
正方形の面積	① cm²	② cm²	1 m²
立方体の体積	③ cm³	1000 cm³	④ m³
	1 mL	⑤ L	⑥ kL

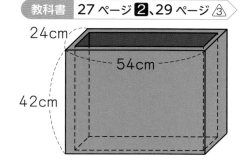

ヒント　3 4　内のりのたて、横、深さが、どれも 10 cm の入れ物には、ちょうど 1 L の水が入ります。10×10×10＝1000（cm³） だから、1000 cm³＝1 L です。

確かめのテスト

② 直方体や立方体の体積

教科書 上 16〜31 ページ | 答え 5 ページ

知識・技能　　　　　　　　　　　　　　　　　　　　　　　　　　　　　　　／70点

1 よく出る 右の直方体の体積を求めます。
各4点(8点)

① 右の直方体は、1辺が1cmの立方体の何こ分の大きさですか。

（　　　　　　　　）

② 直方体の体積は何 cm³ ですか。

（　　　　　　　　）

2 体積を求める公式を書きましょう。
全部できて 1問3点(6点)

① 直方体の体積＝ ⑦□ × ⑦□ × ⑦□

② 立方体の体積＝ ⑦□ × ⑦□ × ⑦□

3 次の □ にあてはまる数を書きましょう。
各4点(16点)

① 1 m³ ＝ □ cm³

② 7000000 cm³ ＝ □ m³

③ 1 L ＝ □ cm³

④ 500 mL ＝ □ cm³

4 よく出る 下の立方体や直方体の体積を、（　）の中の単位で求めましょう。
式・答え 各4点(32点)

①
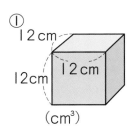
式

答え（　　　　　　　　）

②
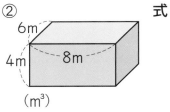
式

答え（　　　　　　　　）

③
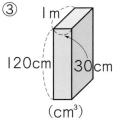
式

答え（　　　　　　　　）

④
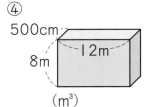
式

答え（　　　　　　　　）

5 下の水そうの容積は何 L ですか。　　　　　　　　　式・答え 各4点(8点)

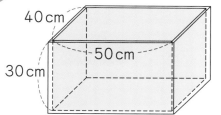

式

答え（　　　　　　　）

思考・判断・表現　　　　　　　　　　　　　　　　　　/30点

6 下の図は直方体の展開図です。この直方体の体積は何 cm³ ですか。　式・答え 各4点(8点)

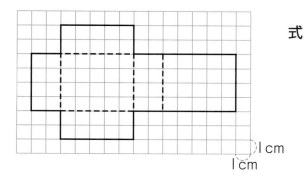

式

答え（　　　　　　　）

できたらスゴイ!

7 下の直方体の体積は 20000 L です。この直方体の高さは何 m ですか。　式・答え 各5点(10点)

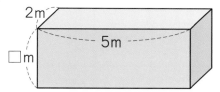

式

答え（　　　　　　　）

---

8 右のような形の体積を求めます。　　　各3点(12点)

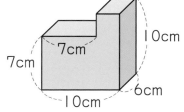

① 次の 3 人の考えを、式に表しましょう。

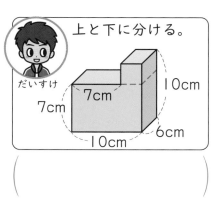
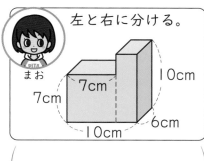
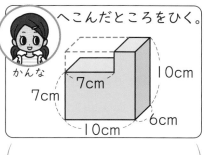

（　　　　　　　）　（　　　　　　　）　（　　　　　　　）

② この形の体積は何 cm³ ですか。

（　　　　　　　）

ふりかえり ❶がわからないときは、6ページの **2** にもどって確にんしてみよう。

教科書 上32〜37ページ　答え 6ページ

✎ 次の表と ▢ にあてはまる数やことばを書きましょう。

◎ めあて 比例の関係を理解しよう。　練習 ① ② →

　２つの量 □ と ○ があり、□ が２倍、３倍、…になると、
それにともなって ○ も２倍、３倍、…になるとき、「○は□に**比例**する」といいます。

1 右の図のように、横の長さが
　6cmの長方形のたての長さが
　1cm、2cm、3cm、…と

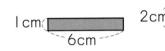 

　変わると、それにともなって面積はどのように変わりますか。

(1) 長方形のたての長さを□cm、面積を○cm²として、下の表に整理しましょう。

たての長さ □(cm)	1	2	3	4	5	6
面積　　　○(cm²)	6					

(2) たての長さが10cmのときの面積を求めましょう。

解き方 (1) 面積○cm²を求めて表に整理すると、次のようになります。

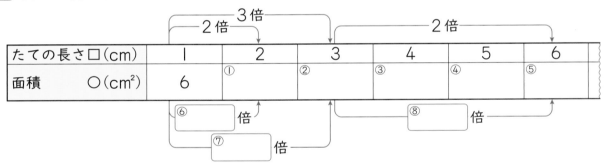

　□（たての長さ）が２倍、３倍、…になると、それ
にともなって○（面積）も ⑨ ▢ 倍、⑩ ▢ 倍、…
になるので、○は□に ⑪ ▢ します。

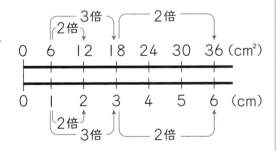

上の表の比例の関係は、
右のような数直線の図
でも表せるよ。

(2) 面積はたての長さに ⑫ ▢ するから、たての長さが1cmから10cmと10倍に
なると、面積も ⑬ ▢ 倍になります。

比例の関係を使えば表に
ないところの面積も求め
ることができるね。

　面積は、6×⑭ ▢ ＝ ⑮ ▢ (cm²)

📖 教科書　上 32〜37 ページ　　🔲 答え　6 ページ

1 次のともなって変わる 2 つの量で、○は□に比例していますか。　　教科書 35 ページ ⚠

① 正三角形の 1 辺の長さ□ cm と、まわりの長さ○ cm

1 辺の長さ　□(cm)	1	2	3	4	5	6	7	8
まわりの長さ○(cm)	3	6	9	12	15	18	21	24

(　　　　　　　　)

② 水が 10 L 入っている水そうに、1 分間に 5 L ずつ□分間水を入れたときの、水そうの水の量○ L

水を入れた時間□(分間)	1	2	3	4	5	6	7	8
水そうの水の量○(L)	15	20	25	30	35	40	45	50

(　　　　　　　　)

2 1 本のねだんが 70 円のえん筆があります。買う本数が 1 本、2 本、3 本、…と変わると、それにともなって代金がどのように変わるかを調べます。　　教科書 36 ページ 3

① 本数□本が 2 本、3 本、…と変わると、代金○円はそれぞれ何円になりますか。下の表に整理しましょう。

		3 倍				2 倍		
	2 倍							
本数□(本)	1	2	3	4	5	6	7	8
代金○(円)	70							
	㋐ 倍				㋒ 倍			
		㋑ 倍						

② 上の表の㋐〜㋒にあてはまる数を書きましょう。

㋐ (　　　　) 　㋑ (　　　　) 　㋒ (　　　　)

③ 代金○円は、本数□本に比例していますか。

(　　　　　　　　)

④ 本数□本と代金○円の関係を式に表しましょう。

(　　　　　　　　)

| 1 本のねだん | × | 買う本数 | = | 代金 | だね。

⑤ 本数が 10 本のときの代金は何円ですか。数直線の図に表して求めましょう。

代金はわからない数なので、「10 本で□円」として図に表すと…。

式

答え (　　　　　　)

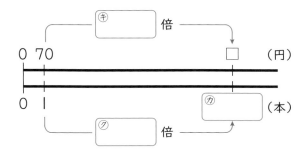

ヒント　2 □が 2 倍、3 倍、…になると、○も 2 倍、3 倍、…になるとき、○は□に比例しています。

ぴったり3 確かめのテスト。

③ 比例

教科書 上32〜38ページ　答え 6ページ

知識・技能　　　　　　　　　　　　　　　　　　　　　　／70点

1 よく出る 1個30円のあめを買います。あめの数を1個、2個、3個、…と変えます。

①は全部できて ①②③各7点 ④は図・式・答え 各3点(30点)

① あめの数□個が1個、2個、3個、…のとき、代金○円はそれぞれ何円になりますか。下の表に整理しましょう。

あめの数　□（個）	1	2	3	4	5	6
代金　　　○（円）						

② あめの数□個が2倍、3倍、…になると、代金○円は、どのように変わりますか。

（　　　　　　　　　　　　）

③ 代金○円は、あめの数□個に比例していますか。

（　　　　　　　　　　　　）

④ あめの数が15個のときの代金は何円ですか。数直線の図に表して求めましょう。

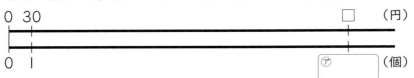

0 30　　　　　　　　　　　　　　　　　　　□　（円）

0 1　　　　　　　　　　　　　　　　　⑦　　　（個）

式

答え（　　　　　　　　　　　　）

2 よく出る 次のともなって変わる2つの量で、○は□に比例していますか。　各5点(10点)

① 60mのテープを□人に同じ長さに分けるときの、1人分の長さ○m

人数　　　　　□（人）	1	2	3	4	5	6
1人分の長さ○（m）	60	30	20	15	12	10

（　　　　　　　　　　　　）

② たての長さが5cm、横の長さが4cm、深さが□cmの入れ物の容積○cm³

深さ□（cm）	1	2	3	4	5	6
容積○（cm³）	20	40	60	80	100	120

（　　　　　　　　　　　　）

3 次の問題を、数直線の図をかいて求めましょう。　　　　図・式・答え 各5点(30点)

① 1まい 15円の色画用紙があります。この色画用紙を 8まい買うと、代金は何円ですか。「8まいで□円」として、下の数直線にかいて求めましょう。

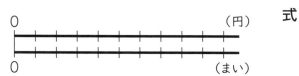

式

答え（　　　　　　　）

📖 **よくよんで**

② ボールペンを 6本買ったら代金は 720円でした。このボールペン 1本のねだんは何円ですか。「1本□円」として、下の数直線にかいて求めましょう。

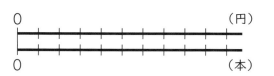

式

答え（　　　　　　　）

思考・判断・表現　　　　　　　　　　　　　　　　　　　　／30点

できたらスゴイ！

4 右の図のように、1辺の長さが 1cm の正方形のタイルをならべて、階だん状のもようを作ります。

①は全部できて 1問6点(30点)

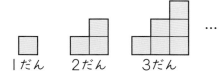

① だんの数が 1だん、2だん、3だん、…と変わると、それにともなってできたもようのまわりの長さはどのように変わりますか。だんの数を□だん、まわりの長さを○cm として、下の表に整理しましょう。

だんの数　　□(だん)	1	2	3	4	5	6	7	
まわりの長さ○(cm)								

② まわりの長さ○cm は、だんの数□だんに比例していますか。

（　　　　　　　　　）

③ だんの数□だんとまわりの長さ○cm の関係を式に表しましょう。

（　　　　　　　　　）

④ 18だんのときのまわりの長さは何 cm ですか。

（　　　　　　　　　）

⑤ まわりの長さが 1m になるのはだんの数が何だんのときですか。

（　　　　　　　　　）

ふりかえり 🐼　❶がわからないときは、12 ページの **1** にもどって確にんしてみよう。

教科書　上 40～46 ページ　答え　7 ページ

次の　　にあてはまる数を書きましょう。

めあて 小数をかける計算のしかたを理解しよう。　　練習 **1 2 3** →

小数をかける計算は、整数の計算でできるように考えると、答えを求めることができます。

1 1 m のねだんが 60 円のリボンを、1.8 m 買いました。代金はいくらですか。

解き方 代金を求める式は、　①□　×　②□
1 m のねだん　買った長さ(m)

この計算のしかたは、次の 2 通りあります。

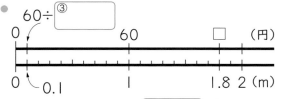

60÷③□

0　　　　60　　　□（円）

0　0.1　1　　1.8 2（m）

1.8 m は 0.1 m の ④□ こ分だから、

$60 \times 1.8 = 60 \div$ ⑤□ $\times$ ⑥□
0.1 m のねだん

$=$ ⑦□

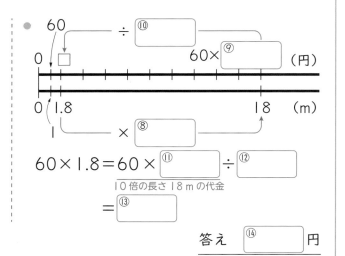

60　÷⑩□

0　□　　60×⑨□（円）

0 1.8　　　　18（m）

1　×⑧□

$60 \times 1.8 = 60 \times$ ⑪□ $\div$ ⑫□
10 倍の長さ 18 m の代金

$=$ ⑬□

答え ⑭□ 円

めあて 小数をかける筆算ができるようにしよう。　　練習 **4 5** →

🐾 **小数をかける筆算のしかた**

❶　小数点を考えないで、右にそろえて書きます。

❷　小数点がないものとして整数のかけ算をします。

❸　積の小数点は、かけられる数とかける数の小数点の右にあるけたの数の和だけ、右から数えてうちます。

2 筆算で計算しましょう。

(1)　8.5×2.4　　　　　　　　　(2)　0.32×1.8

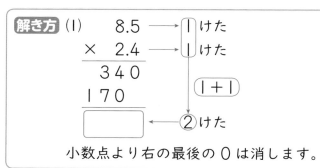

解き方 (1)　　8.5 → 1 けた
　　　×　2.4 → 1 けた
　　　340
　　170
　　　□ ← 2 けた (1+1)

小数点より右の最後の 0 は消します。

(2)　　0.32 → 2 けた
　　×　1.8 → 1 けた
　　256
　32
　　□ ← 3 けた (2+1)

積の一の位に 0 を書きます。

★ できた問題には、「た」をかこう！★
でき① でき② でき③ でき④ でき⑤

学習日　月　日

教科書 上 40〜46 ページ ／ 答え 7 ページ

1 1 m のねだんが 160 円の布を、2.4 m 買いました。代金はいくらですか。□ にあてはまる数を書いて、次の 2 通りの計算のしかたで、答えを求めましょう。　教科書 41 ページ **1**

・0.1 m のねだんをもとにして計算するとき

160×2.4 ＝ ⑦[　] ÷ ⑦[　] × ⑦[　] ＝ ⑨[　]
　　　　　　0.1 m のねだん

下の計算のしかたは、かけ算の性質を使っているね。

・長さを 10 倍した 24 m の代金をもとにして計算するとき

160×2.4 ＝ ⑦[　] × ⑦[　] ÷ ⑦[　] ＝ ⑦[　]
　　　　　　24 m の代金

答え（　　　　　）

2 1 m の重さが 32.4 g のはり金があります。このはり金 5.6 m の重さは何 g ですか。□ にあてはまる数を書いて、答えを求めましょう。　教科書 44 ページ **2**

32.4 と 5.6 の両方とも整数にするといいね。

$$\frac{32.4 \times 5.6}{}$$

＝(32.4×[　])×(5.6×[　])÷[　]

＝[　]

答え（　　　　　）

3 254×39＝9906 をもとにして、次の積を求めましょう。　教科書 46 ページ △②

① 25.4×39　　　　② 254×3.9　　　　③ 2.54×3.9

（　　　　）　　　　（　　　　）　　　　（　　　　）

4 答えの見当をつけてから、筆算で計算しましょう。　教科書 46 ページ △④

① 2.79×2.3　　　② 4.1×8.7　　　③ 196×5.4

```
   2.79              4.1              196
 ×  2.3            × 8.7            ×  5.4
```

5 計算をしましょう。　教科書 46 ページ **3**

① 　4 6.5　　　　② 　0.2 3
　×　1.2　　　　　×　1.8

小数点より右の最後の 0 を消したり、一の位に 0 を書くことをわすれずに。

 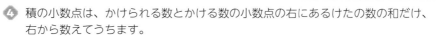

④ 積の小数点は、かけられる数とかける数の小数点の右にあるけたの数の和だけ、右から数えてうちます。

準備

4 小数のかけ算
（小数のかけ算―2）

教科書 上47～49ページ　答え　8ページ

✎ 次の □ にあてはまる記号や数を書きましょう。

めあて かける数の大きさと積の大きさの関係を理解しよう。　練習 ① ②→

🐾 小数のかけ算

⭐ 1より小さい数をかけると、「積＜かけられる数」となります。

⭐ 1より大きい数をかけると、「積＞かけられる数」となります。

1 積が、5より小さくなるのはどれですか。計算をしないで答えましょう。

　⑦ 5×1.2　　　　⑦ 5×0.8　　　　⑦ 5×0.95　　　　⑨ 5×3.04

解き方 かける数 ① ☐ 1のとき、積＜かけられる数5　　　答え ② ☐

めあて 辺の長さが小数のときの面積や体積を求められるようにしよう。　練習 ③→

　面積や体積は、辺の長さが小数で表されていても、整数のときと同じように、
公式を使ってかけ算で求めることができます。

2 たてが2cm、横が1.5cm、高さが2.3cmの直方体の体積を求めましょう。

解き方 直方体の体積は、① ☐ × ② ☐ × ③ ☐ ＝ ④ ☐
　　　　　　　　　　　たて　　　横　　　高さ

答え ⑤ ☐ cm³

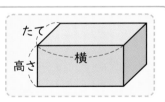

めあて 小数のときも計算のきまりが使えるようにしよう。　練習 ④→

　小数のときも、次の計算のきまりが成り立ちます。

⑦ ■×● ＝ ●×■　　　　　　　　⑦ （■×●）×▲ ＝ ■×（●×▲）

⑦ （■＋●）×▲ ＝ ■×▲＋●×▲　　⑨ （■－●）×▲ ＝ ■×▲－●×▲

3 計算のきまりを使って、くふうして計算しましょう。

(1) 3.8×4×2.5　　　　　　　　(2) 5.3×7.6＋4.7×7.6

解き方 (1)　⑦のきまりを使って、

3.8×4×2.5
＝3.8×（ ☐ ×2.5）
＝3.8× ☐
＝38

(2)　⑦のきまりを使って、

5.3×7.6＋4.7×7.6
＝（ ☐ ＋4.7）×7.6
＝ ☐ ×7.6
＝76

ほかにも、
9.7×8を
（10－0.3）×8と
すれば、かん単に
計算ができるよ。

ぴったり2
練習

★ できた問題には、「た」をかこう！★

でき ① でき ② でき ③ でき ④

学習日
月　　日

教科書 上 47〜49 ページ　答え 8 ページ

1 積が、23 より小さくなるのはどれですか。⑦〜⑨の記号で答えましょう。

教科書 48 ページ ⑥

⑦　23×1.1　　　　⑦　23×0.9　　　⑨　23×2.5

（　　　　　　　　）

！ まちがい注意

2 計算をしましょう。

教科書 48 ページ ⚠

①　5.1×0.2　　　　　②　0.4×0.6　　　　　③　1.25×0.8

3 次の面積や体積を求めましょう。

教科書 48 ページ **5**

①　1 辺の長さが 1.2 cm の正方形の面積は何 cm² ですか。

（　　　　　　　　）

②　たてが 0.5 m、横が 0.8 m、高さが 1.4 m の直方体の体積は何 m³ ですか。

（　　　　　　　　）

4 計算のきまりを使って、くふうして計算しましょう。

教科書 49 ページ ⑧

①　9.2×2.5×4　　　　②　6.7×8×2.5　　　③　4×6.59×2.5

④　0.7×9.8＋0.3×9.8　　⑤　6.2×8.7＋3.8×8.7　　⑥　2.7×45−0.7×45

⑦　25.6×4　　　　　⑧　9.5×12

計算のきまりの
どれを使うと、
かん単に
なるかな。

○ヒント　④ 計算のきまりを使うときは、■や●や▲にどんな数をあてはめればよいかを考えて、と中の式もきちんと書きましょう。

ぴったり3
確かめのテスト

4 小数のかけ算

時間 30 分

／100

合格 80 点

教科書　上 40〜51 ページ　答え　9 ページ

知識・技能 ／78点

1 （　　）の中の式で、積がかけられる数より小さくなるのはどちらですか。　各3点(9点)

① （6×0.9　6×1.2）

（　　　　　　）

② （2.4×1.1　2.4×0.7）

（　　　　　　）

③ （0.4×0.8　0.4×1.3）

（　　　　　　）

2 よく出る 計算をしましょう。　各5点(40点)

① 　1.5
　×3.7

② 　42.3
　×　1.6

③ 　31.8
　×3.0 4

④ 　96
　×6.3

⑤ 　8.4
　×5.5

⑥ 　285
　×　3.2

⑦ 　0.7 2
　×0.2 9

⑧ 　0.2 6
　×　4.5

❸ よく出る 計算のきまりを使って、くふうして計算しましょう。　　　　　各5点(15点)

① 2.5×6.3×8　　　② 3.9×5.4＋6.1×5.4　　　③ 9.4×5

❹ 次の、①の長方形の面積、②の直方体の体積をそれぞれ求めましょう。

①式・答え 各3点　②式・答え 各4点(14点)

①

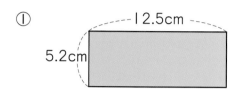

式

答え（　　　　　　　）

②

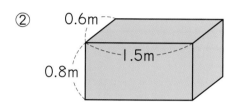

式

答え（　　　　　　　）

思考・判断・表現　　　　　　　　　　　　　　　／22点

❺ よく出る 次の問題に答えましょう。　　　　　式・答え 各3点(12点)

① 1mのねだんが95円のホースを、8.4m買いました。代金はいくらですか。

式

答え（　　　　　　　）

② 1mの重さが5.9kgのパイプがあります。このパイプ7.3mの重さは何kgですか。

式

答え（　　　　　　　）

できたらスゴイ！

❻ 14.2にある数をかけるのをまちがえて、その数をたしてしまったので、答えが16.7になりました。

このかけ算の正しい答えを求めましょう。　　　　　(10点)

（　　　　　　　）

ふりかえり　　❷①がわからないときは、16ページの❷にもどって確にんしてみよう。

付録の「計算せんもんドリル」 1〜7 もやってみよう！

✏️ 次の □ にあてはまる数を書きましょう。

🎯 **めあて** 小数でわったときの計算のしかたを理解（りかい）しよう。 練習 ❶ ❷ ❸→

小数でわる計算は、整数の計算でできるように考えると、答えを求めることができます。

1 リボンを 1.6 m 買ったら、代金は 80 円でした。このリボン 1 m のねだんは何円ですか。

解き方 1 m のねだんを求める式は、 ⃞① ÷ ⃞②
（代金）（買った長さ(m)）

この計算のしかたは、次の 2 通りあります。

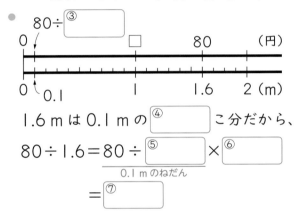

1.6 m は 0.1 m の ⃞④ こ分だから、

$80 \div 1.6 = 80 \div \underset{\text{0.1 m のねだん}}{⃞⑤} \times ⃞⑥$

$= ⃞⑦$

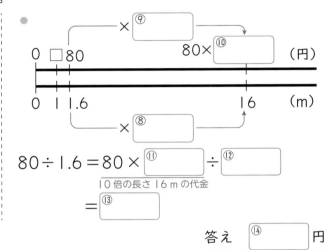

$80 \div 1.6 = 80 \times ⃞⑪ \div ⃞⑫$
（10 倍の長さ 16 m の代金）

$= ⃞⑬$

答え ⃞⑭ 円

🎯 **めあて** 小数でわる筆算ができるようにしよう。 練習 ❹ ❺→

🐾 **小数でわる筆算のしかた**

❶ わる数の小数点を右にうつして、整数になおします。

❷ わられる数の小数点も、わる数の小数点をうつしたけたの数だけ右にうつします。

❸ わる数が整数のときと同じように計算し、右にうつした後のわられる数の
小数点にそろえて、商の小数点をうちます。

2 筆算で計算しましょう。

(1) 5.76÷3.6　　　(2) 2.7÷4.5　　　(3) 7÷2.8

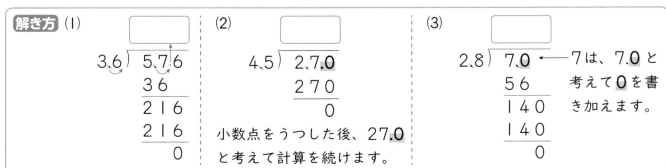

ぴったり 2
練習

★ できた問題には、「た」をかこう！★
   でき 1 でき 2 でき 3 でき 4 でき 5

学習日　　月　　日

教科書　上 52〜58 ページ　　答え　10 ページ

1　布を 3.5 m 買ったら、代金は 840 円でした。この布 1 m のねだんは何円ですか。□ に
あてはまる数を書いて、次の 2 通りの計算のしかたで、答えを求めましょう。

教科書　53 ページ **1**

・0.1 m のねだんをもとにして計算するとき

$840 \div 3.5 =$ ［ア□］ $\div$ ［イ□］ $\times$ ［ウ□］ $=$ ［エ□］
　　　　　　　　0.1 m のねだん

> 下の計算のしかたは、
> わり算の性質を使っ
> ているね。

・長さを 10 倍した 35 m の代金をもとにして計算するとき

$840 \div 3.5 =$ ［カ□］ $\times$ ［キ□］ $\div$ ［ク□］ $=$ ［ケ□］
　　　　　　　　35 m の代金

答え（　　　　　　　）

2　4.2 L の重さが 2.94 kg の油があります。この油 1 L の重さは何 kg ですか。□ に
あてはまる数を書いて、答えを求めましょう。

教科書　56 ページ **2**

$\underline{2.94 \div 4.2}$
$= (2.94 \times 10) \div \left(4.2 \times \boxed{}\right)$
$= \boxed{}$

> 2.94 と 4.2 の両方に同じ数を
> かけても、商は等しかったね。

答え（　　　　　　　）

3　351 ÷ 54 = 6.5 をもとにして、次の商を求めましょう。
① 35.1 ÷ 5.4　　　② 3.51 ÷ 0.54　　　③ 0.351 ÷ 0.054

教科書　58 ページ

（　　　　）　　　（　　　　）　　　（　　　　）

4　答えの見当をつけてから、筆算で計算しましょう。
① 8.16 ÷ 4.8　　　② 4.2 ÷ 1.5　　　③ 39.5 ÷ 7.9

教科書　58 ページ

4.8）8.16　　　　1.5）4.2　　　　7.9）39.5

！まちがい注意

5　次の計算をしましょう。
①　　　　　　②　　　　　　③

教科書　58 ページ **3**

5.8）4.06　　　6.8）5.1　　　1.6）4

ヒント　**5** ③ わられる数が整数のときも、わる数の小数点をうつしたけたの数だけ、わられる
数の小数点を右にうつします。

📗教科書 上 59〜61 ページ ➡答え 11 ページ

✏次の □ にあてはまる記号や数を書きましょう。

🎯**めあて** わる数の大きさと商の大きさの関係を理解しよう。 　練習 ①➡

🐾**小数のわり算**

⭐ | より小さい数でわると、「商＞わられる数」となります。

⭐ | より大きい数でわると、「商＜わられる数」となります。

1 商が、6 より大きくなるのはどれですか。計算をしないで答えましょう。
　⑦ 6÷1.2　　　① 6÷0.57　　　⑦ 6÷0.03　　　① 6÷4

解き方 わる数 ①□ | のとき、商＞わられる数 6

　　　　　答え ②□

かけ算のかける数と
積の大きさの関係と
は逆だね。

🎯**めあて** あまりのある小数のわり算ができるようにしよう。 　練習 ④⑤➡

　筆算で小数のわり算であまりを考えるとき、あまりの小数点は、
わられる数のもとの小数点にそろえてうちます。

```
        7
0.5) 3.7
     3 5
     0.2
```

2 商は一の位まで求め、あまりも出しましょう。
　(1) 8.7÷2.6　　　(2) 17.9÷4.2　　　(3) 250÷5.8

解き方 (1)

あまりの
小数点の位置
0.1 が
9こ

商は □
あまりは □

(2)
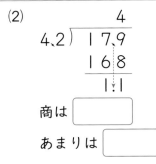
商は □
あまりは □

(3)
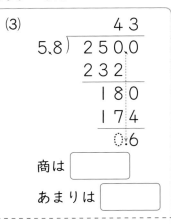
商は □
あまりは □

検算をして、確かめましょう。
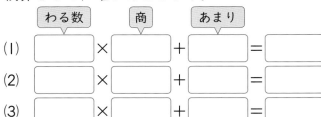

この結果が、
わられる数に
なればいいん
だね。

24

教科書　上59〜61ページ　答え　11ページ

① 商が、24 より大きくなるのはどれですか。㋐〜㋒の記号で答えましょう。

教科書　60ページ ⑤

㋐　24÷0.04　　　　　㋑　24÷1.6　　　　　㋒　24÷0.98

（　　　　　　）

② 計算をしましょう。

教科書　60ページ ⑥

①　15.6÷0.2　　　　②　4.28÷0.8　　　　③　9÷0.4

③ 4.8÷2.3 の商を四捨五入して、上から 2 けたのがい数で求めます。

□ にあてはまる数を書いて、答えを求めましょう。

教科書　60ページ ❺

4.8÷2.3＝2.08…

上から □ けための数を四捨五入します。

答え（　　　　　　　　　）

④ 4.7 L のお茶を、0.6 L ずつ水とうに入れます。

教科書　61ページ ❻

① 何個の水とうにお茶を入れられますか。

また、何 L あまりますか。

式

答え（　　　　　　　　　　　　）

② 検算をして、①で求めた答えが正しいことを確かめます。検算の式を書きましょう。

（　　　　　　　　　　　　）

！まちがい注意

⑤ 商は一の位まで求め、あまりも出しましょう。

教科書　61ページ ⑧

①　9.1÷4.3　　　　②　20.8÷6.2　　　　③　720÷8.3

ヒント　④①、⑤ あまりを求めるときは、商の小数点の位置とあまりの小数点の位置がちがうことに注意します。

ぴったり 3

⑤ 小数のわり算

時間 **30** 分

／100

合格 **80** 点

📖 教科書　上 52〜63 ページ　　➡️ 答え　12 ページ

知識・技能　　　　　　　　　　　　　　　　　　　　　　／60点

1 商が、18 より大きくなるのはどれですか。⑦〜⑤の記号で答えましょう。　　(6点)

⑦　18÷7　　　　⑦　18÷0.6　　　　⑦　18÷2.4　　　　⑤　18÷0.19

（　　　　　　　）

2 よく出る わりきれるまで計算しましょう。　　　　　　　各4点(24点)

①　3.4)27.2　　　　②　6.5)3.12　　　　③　8.4)60.9

④　0.6)5.7　　　　⑤　9.6)2.4　　　　⑥　2.4)18

3 商を四捨五入して、上から 2 けたのがい数で求めましょう。　　各5点(15点)

①　2.3)9.7　　　　②　1.7)4.33　　　　③　9.4)29.1

4 よく出る 商は一の位まで求め、あまりも出しましょう。　　各5点(15点)

①　3.4)5.9　　　　②　4.6)27.2　　　　③　8.7)270

思考・判断・表現 　　　　　　　　　　　　　　　　　　　　　　　　／40点

5 よく出る　3.5 m の重さが 68.6 g のはり金があります。このはり金 1 m の重さは何 g ですか。

式・答え　各4点(8点)

式

答え（　　　　　　　　）

6 1.2 m の鉄のぼうの重さをはかったら、5.4 kg ありました。

①式・答え　各4点　②式・答え　各5点(18点)

① この鉄のぼう 1 m の重さは何 kg ですか。

式

答え（　　　　　　　　）

でき たらスゴイ!
② この鉄のぼう 1 kg の長さは何 cm ですか。上から 2 けたのがい数で求めましょう。

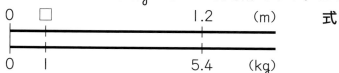
式

答え（　　　　　　　　）

7 19.6 m のテープから、3.2 m のテープは何本とれて、何 m あまりますか。

式・答え　各4点(8点)

式

答え（　　　　　　　　）

でき たらスゴイ!
8 下の式の □ に、⑦〜⑨の 5 つの数をあてはめます。
商が最も大きくなるもの、最も小さくなるものは、それぞれどれですか。
⑦〜⑨の記号で答えましょう。

各3点(6点)

　　　7.5÷□

⑦　0.16　　　　⑦　3.4　　　　⑦　1.87　　　　⑤　0.09　　　　⑦　0.2

　　　　最も大きくなるもの（　　　　　　）　　　最も小さくなるもの（　　　　　　）

ふりかえり　**2**①がわからないときは、22 ページの**2**にもどって確にんしてみよう。

準備

小数の倍

（小数の倍ー１）

教科書　上 64〜67 ページ　　答え　13 ページ

✏ 次の □ にあてはまる数を書きましょう。

🎯めあて　小数で表す倍を求められるようにしよう。　　練習 ①②→

🐾 小数の倍

小数の倍も、| 何倍かにあたる大きさ | ÷ | もとにする大きさ | で求めます。

1 右の表のような長さのリボンがあります。
（１）青のリボンの長さは、赤のリボンの長さの何倍ですか。
（２）赤のリボンの長さは、青のリボンの長さの何倍ですか。

	長さ（m）
赤	12
青	15

解き方（１）　赤のリボンの長さをもとにするから、

15 ÷ □ = □

もとにする大きさ　　　答え □ 倍

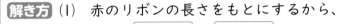

（２）　青のリボンの長さをもとにするから、

□ ÷ □ = □

答え □ 倍

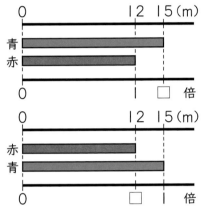

もとの大きさより小さいときは、倍を表す数が１より小さくなるね。

🎯めあて　小数の倍にあたる大きさを求められるようにしよう。　　練習 ③④→

🐾 小数の倍にあたる大きさ

小数の倍にあたる大きさも、| もとにする大きさ | × | 倍を表す数 | で求めます。

2 赤、白、黄、緑の４本のテープがあります。赤のテープは４ｍです。赤のテープをもとにすると、白のテープは２倍、黄のテープは1.8倍、緑のテープは0.7倍の長さです。
白、黄、緑のテープは、それぞれ何ｍですか。

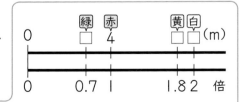

解き方 白　４ｍを１とみたとき、２にあたる長さだから、4×①□ = ②□ （m）

黄　４ｍを１とみたとき、③□ にあたる長さだから、④□ × ⑤□ = ⑥□ （m）

緑　４ｍを⑦□ とみたとき、⑧□ にあたる長さだから、4×⑨□ = ⑩□ （m）

📖 教科書　上 64〜67 ページ　🔲➡ 答え　13 ページ

1 下の表のような重さの箱があります。

教科書 64 ページ **1**

	重さ(kg)
A	4.8
B	7.2
C	9.6

ある大きさやもとにする
大きさが小数の場合も
倍を求めるにはわり算を
使うよ。

どの箱の重さをもとに
しているのかな？

① Bの箱の重さは、Aの箱の重さの何倍ですか。　　　　（　　　　　　　）

② Cの箱の重さは、Aの箱の重さの何倍ですか。　　　　（　　　　　　　）

③ Bの箱の重さは、Cの箱の重さの何倍ですか。　　　　（　　　　　　　）

2 東山トンネルの長さは 0.6 km、西山トンネルの長さは 1.5 km です。

教科書 65 ページ ⚠️

① 東山トンネルの長さは、西山トンネルの長さの何倍ですか。　　（　　　　　　　）

② 西山トンネルの長さは、東山トンネルの長さの何倍ですか。　　（　　　　　　　）

3 A、B、C、Dの 4 本のロープがあります。Aのロープは 3 m です。Aのロープを
もとにすると、Bのロープは 2 倍、Cのロープは 2.4 倍、Dのロープは 0.7 倍の長さです。

教科書 67 ページ **3**

① Bのロープは何 m ですか。　　　　　　　　　　　　（　　　　　　　）

② Cのロープは何 m ですか。　　　　　　　　　　　　（　　　　　　　）

③ Dのロープは何 m ですか。　　　　　　　　　　　　（　　　　　　　）

4 マンションの高さは 19 m です。ビルの高さは、マンションの高さの 1.3 倍あります。
ビルの高さは何 m ですか。

教科書 67 ページ **3**

（　　　　　　　）

🐶 ヒント　④ マンションの高さをもとにして、考えます。

📖 教科書　上 68～69 ページ　⟩ 📑 答え　13 ページ

✏️ 次の ◯ にあてはまる数やことばを書きましょう。

🎯 めあて　小数のときも、もとにする大きさを求められるようにしよう。　練習 ①②③→

🐾 もとにする大きさ
小数でも、もとにする大きさを求めるには、□を使ってかけ算の式に表すと考えやすいです。

1 まんがの本のねだんは 240 円で、物語の本のねだんの 0.4 倍です。
物語の本のねだんはいくらですか。

解き方　物語の本のねだんを□円とすると、

□×① ◯ ＝② ◯

□＝③ ◯ ÷④ ◯ ＝⑤ ◯

答え ⑥ ◯ 円

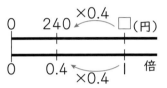

物語の本のねだんを
1 とみたとき、まんがの本の
ねだんが 0.4 にあたるね。

🎯 めあて　倍を使って比べられるようになろう。　練習 ④→

ねだんの下がり方のように、もとにする大きさがちがうときは、倍を使って
比べることがあります。

2 あるお店で、クッキーとケーキの安売りをしています。
もとのねだんとねびき後のねだんを比べて、より安くなったのは、どちらといえますか。

クッキー　　　　　　　　　　　　　　ケーキ

＜もとのねだん＞　＜ねびき後＞　　　＜もとのねだん＞　＜ねびき後＞
250円　➡　200円　　　　　　500円　➡　450円

解き方　ねびき後のねだんが、もとのねだんの何倍になっているかを考えます。
クッキーのもとのねだんは 250 円、ねびき後のねだんは 200 円だから、

200÷① ◯ ＝② ◯ （倍）

ケーキのもとのねだんは 500 円、ねびき後のねだんは 450 円だから、

③ ◯ ÷④ ◯ ＝⑤ ◯ （倍）

よって、⑥ ◯ のほうが、ねだんの下がり方が大きいのでより安くなったのは

⑦ ◯ といえます。

教科書　上 68〜69 ページ　　答え　13 ページ

1 長方形の形をした公園があります。横の長さは 43.2 m で、たての長さの 1.8 倍です。
たての長さは何 m ですか。

教科書　68 ページ **4**

式

答え（　　　　　　）

2 えりなさんは、リボンを 2 m 使いました。これは、とうまさんの使ったリボンの長さの
0.8 倍です。とうまさんはリボンを何 m 使いましたか。

教科書　68 ページ ②

式

答え（　　　　　　）

3 A町の面積は 18.9 km² です。これは B町の面積の 0.7 倍です。
B町の面積は何 km² ですか。

教科書　68 ページ ②

式

答え（　　　　　　）

4 あるまんがの本とかんジュースの、2000
年のねだんと 2020 年のねだんは、それぞれ
右のようになっています。

2000 年と 2020 年を比べて、ねだんの上
がり方が大きいのは、どちらといえますか。

教科書　69 ページ **5**

〈2000年〉〈2020年〉　〈2000年〉〈2020年〉
400円 ➡ 440円　　　80円 ➡ 120円

まんがの本　　440÷400＝[　　　]（倍）

かんジュース　[　　　]÷[　　　]＝[　　　]（倍）

2000 年のねだんの何倍に
なっているかで比べれば
いいね。

（　　　　　　）

ヒント
② とうまさんの使ったリボンの長さを□ m として、式に表します。
④ 2000 年のねだんを 1 とみたとき、2020 年のねだんがどれだけにあたるかで比べます。

31

小数の倍

教科書 上64〜70ページ　答え 14ページ

知識・技能　/40点

1 右の表は、水とう、ポット、やかんに入る水の量を表しています。　式・答え 各4点(16点)

① ポットに入る水の量は、やかんに入る水の量の何倍ですか。

式

答え（　　　　　）

	水の量（L）
水とう	0.6
ポット	2.4
やかん	1.5

② 水とうに入る水の量は、やかんに入る水の量の何倍ですか。

式

答え（　　　　　）

2 4.5 kg の 5 倍、2.9 倍、0.4 倍の重さを、それぞれ求めましょう。　各4点(12点)

5 倍（　　　　　）　　2.9 倍（　　　　　）　　0.4 倍（　　　　　）

3 りんごジュース、オレンジジュース、お茶があります。りんごジュースは 4 dL です。りんごジュースをもとにすると、オレンジジュースは 1.2 倍、お茶は 0.8 倍の量です。　各6点(12点)

① オレンジジュースは何 dL ですか。

（　　　　　）

② お茶は何 dL ですか。

（　　　　　）

思考・判断・表現　/60点

4 A 町の面積は 12 km² です。B 町の面積は A 町の面積の 3.6 倍です。B 町の面積は何 km²ですか。下の図の □ にあてはまる数を書いて、答えを求めましょう。　図・式・答え 各4点(12点)

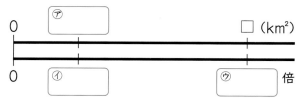

式

答え（　　　　　）

5 小さい犬の体重は 8.4 kg です。これは、大きい犬の体重の 0.3 倍です。大きい犬の体重は何 kg ですか。下の図の □ にあてはまる数を書いて、答えを求めましょう。

図・式・答え 各4点(12点)

式

答え（　　　　　　）

6 0.6 L のガソリンで 7.5 km 走る自動車があります。この自動車は 1 L のガソリンでは、何 km 走れますか。下の図の □ にあてはまる数を書いて、答えを求めましょう。

図・式・答え 各4点(12点)

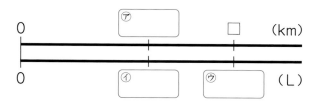

式

答え（　　　　　　）

よくよんで

7 まことさんの家から学校までの道のりは 1.5 km です。これは、りつかさんの家から学校までの道のりの 1.2 倍です。りつかさんの家から学校までの道のりは何 km ですか。

りつかさんの家から学校までの道のりを □ km として、式に表して、答えを求めましょう。

式・答え 各6点(12点)

式

答え（　　　　　　）

できたらスゴイ!

8 あるお店の 2000 年と 2020 年のゼリーとマフィンのねだんは、右の表のようになっています。

2000 年と 2020 年を比べて、ねだんの上がり方が大きいのは、どちらといえますか。

(12点)

	2000 年のねだん(円)	2020 年のねだん(円)
ゼリー	100	150
マフィン	250	300

（　　　　　　）

ふりかえり ❶ がわからないときは、28 ページの ❶ にもどって確にんしてみよう。

ぴったり1
準備

3分でまとめ

⑥ 合同な図形
（合同な図形）

学習日 　　月　　日

教科書 上 72〜76 ページ　　答え 15 ページ

✎ 次の◯◯にあてはまる記号や数、ことばを書きましょう。

◎めあて 合同な図形を見つけられるようにしよう。　　練習 ❶→

ぴったり重ね合わせることのできる 2 つの図形は、**合同**であるといいます。
合同な図形は、形も大きさも同じです。

1 下の図形のうち、⑦と合同な図形はどれですか。

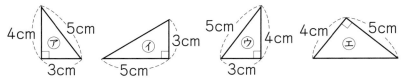

4cm　5cm　⑦　3cm
⑦　3cm
5cm　⑦　3cm
5cm　⑦　4cm　3cm
4cm　⑤　5cm

解き方 ⑦をうら返すと、◯◯にぴったり重ね合わせることができます。　答え ◯◯

◎めあて 合同な図形の性質を理解しよう。　　練習 ❷→

合同な図形では、対応する辺の長さは等しくなっています。
また、対応する角の大きさも等しくなっています。

2 右の⑦と⑥の四角形は合同です。
(1) 辺BCに対応する辺、角Dに対応する角を
答えましょう。
(2) 辺FGの長さは何 cm ですか。
また、角Hの大きさは何度ですか。

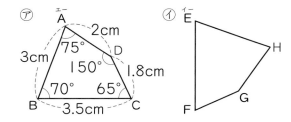

⑦　A　2cm
3cm　75°　D
150°　1.8cm
70°　65°
B　3.5cm　C

⑥　E　H　F　G

解き方 頂点A、B、C、Dに対応する頂点は、順に、
◯◯、 E、 ◯◯、 ◯◯です。
(1) 辺BC…辺◯◯　　角D…角◯◯
(2) 辺FG…◯◯ cm　　角H…◯◯°

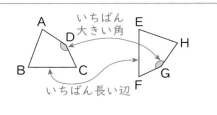

A　いちばん
D　大きい角　E　H
B　C　F　G
いちばん長い辺

◎めあて 四角形を対角線で分けてできた三角形が、合同であるか調べよう。　　練習 ❸→

四角形の辺の長さや角の大きさに注目すると、対角線で分けてできた三角形が、
合同であるか調べられます。

3 長方形に 1 本の対角線をひいてできる、2 つの三角形は合同ですか。

解き方 長方形の向かい合った辺の長さは等しく、
角は 90° だから、◯◯です。

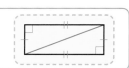

ぴったり2
練習

★ できた問題には、「た」をかこう！★
でき 1 でき 2 でき 3

学習日

月　　日

教科書 上 72〜76 ページ　答え 15 ページ

1 下の図形のうち、合同な図形はどれとどれですか。記号で答えましょう。

教科書 73 ページ 1

回したり、うら返したりして、ぴったり重なる図形だから…。

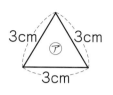

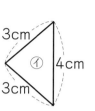

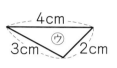

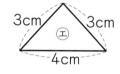

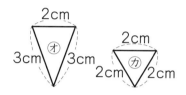

（　　　　　と　　　　　）

2 右の⑦と⑦の四角形は合同です。

教科書 75 ページ ⚠

① 辺ＣＤに対応する辺、角Ａに対応する角を答えましょう。

　辺ＣＤ（　　　　　）　　　角Ａ（　　　　　）

② 辺ＥＦの長さは何 cm ですか。
　また、角Ｈの大きさは何度ですか。

　辺ＥＦ（　　　　　）　　　角Ｈ（　　　　　）

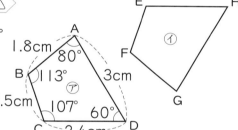

3 下の 5 つの四角形を次の対角線で分けてできた三角形が、合同であるか調べます。
合同であるときは○を、合同でないときは×を書きましょう。

教科書 76 ページ 3

	台形	平行四辺形	ひし形	長方形	正方形
1本の対角線をひいてできる 2 つの三角形	×			○	
2本の対角線をひいてできる 4 つの三角形					

教科書　上 77〜81 ページ　　答え　16 ページ

✏ 次の □ にあてはまる記号や数を書きましょう。

🎯 めあて　合同な三角形をかけるようにしよう。　　　　　　　練習 ① ➡

🐾 **合同な三角形をかくときに使う、辺の長さや角の大きさ**
- ① ２つの辺の長さとその間の角の大きさ
- ② １つの辺の長さとその両はしの２つの角の大きさ
- ③ ３つの辺の長さ

1 　上の ①〜③ のかき方で、右の三角形ＡＢＣと合同な三角形をかきました。ほかの ① のかき方で使う辺や角を答えましょう。

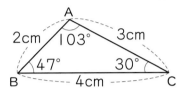

解き方 ① 〜 ③

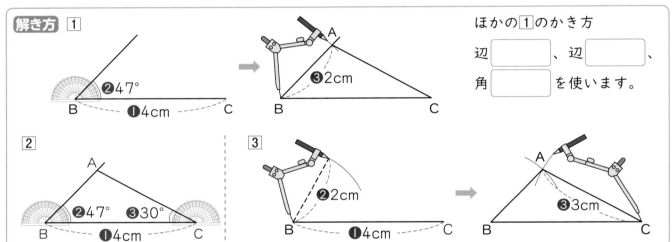

ほかの ① のかき方

辺 □ 、辺 □ 、
角 □ を使います。

🎯 めあて　合同な三角形のかき方を使って、合同な四角形をかけるようにしよう。　練習 ② ➡

四角形を１本の対角線で２つの三角形に分けて考えると、
合同な三角形のかき方を使って、合同な四角形をかくことができます。

2 　右の四角形ＡＢＣＤと合同な四角形をかきましょう。

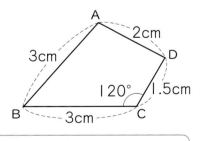

解き方 まず、三角形 ① □ をかきます。次に、辺ＡＢの
長さが ② □ cm、辺 ③ □ の長さが ④ □ cm の
三角形 ⑤ □ をかきます。

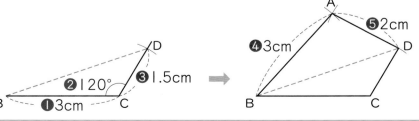

対角線ＢＤをひいて、
２つの三角形に分け
よう。

★ できた問題には、「た」をかこう！★

でき ① 　　でき ②

① 下の三角形ＡＢＣと合同な三角形を、次のかき方でかきましょう。

教科書 77 ページ 4

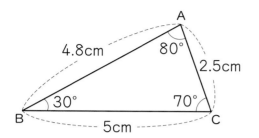

① 　２つの辺の長さとその間の角の大きさを使うかき方

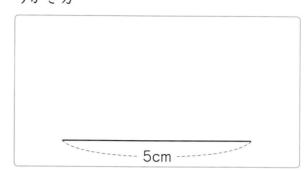

② 　３つの辺の長さを使うかき方

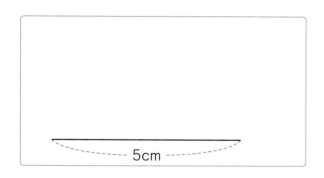

③ 　１つの辺の長さとその両はしの２つの角の大きさを使うかき方

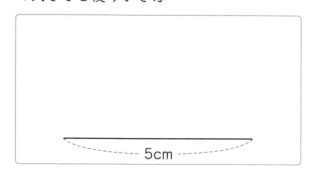

② 下の四角形ＡＢＣＤと合同な四角形をかきましょう。

教科書 81 ページ 5

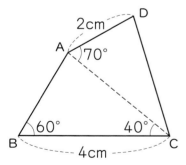

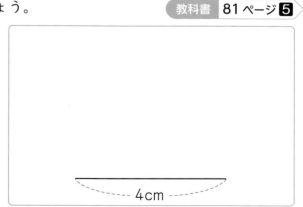

コンパスや
ものさし、
分度器を使って
かこう。

ヒント ② 合同な四角形をかくときは、四角形を対角線で２つの三角形に分けてかきます。

⑥ 合同な図形

時間 **30** 分

／100

合格 **80** 点

教科書 上72〜83ページ　答え 16ページ

知識・技能　　　　　　　　　　　　　　　　　　　　　　　　　　／75点

① よく出る 合同な三角形を１組見つけ、記号で答えましょう。　　　(10点)

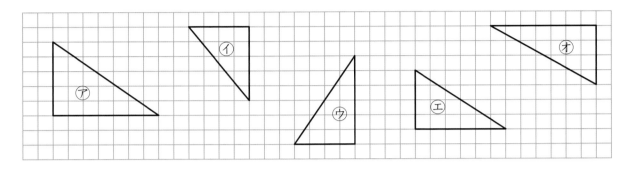

（　　　　　　　）

② 下の⑦、⑦の四角形は合同です。　　　　　　　　　　　各5点(20点)

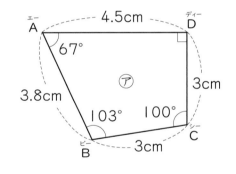 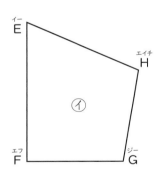

① 辺ＣＤに対応する辺はどれですか。　　　　　（　　　　　　　）

② 角Ｂに対応する角はどれですか。　　　　　　（　　　　　　　）

③ 辺ＥＦの長さは何cmですか。　　　　　　　（　　　　　　　）

④ 角Ｇの大きさは何度ですか。　　　　　　　　（　　　　　　　）

③ 右の四角形ＡＢＣＤは、ひし形です。　　　各5点(10点)

① 三角形ＡＢＤと合同な三角形はどれですか。

（　　　　　　　）

② 三角形ＡＢＥと合同な三角形は、何個ありますか。

（　　　　　　　）

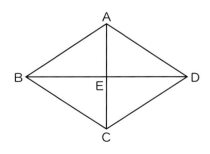

4 次の三角形をかきましょう。

各10点(20点)

① ２つの辺の長さが３cm、５cmで、その間の角の大きさが65°の三角形

② １つの辺の長さが４cmで、その両はしの角の大きさが35°と80°の三角形

できたらスゴイ！

5 下の平行四辺形ＡＢＣＤと合同な平行四辺形をかきましょう。

(15点)

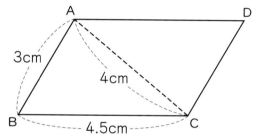

3cm
4cm
4.5cm

思考・判断・表現 ／25点

6 右の三角形ＡＢＣと合同な三角形をかきます。右の図にかかれた辺の長さや角の大きさのほかに、あと何がわかればかけますか。

各5点(10点)

B　31°　10cm　C

① どの辺の長さがわかればかけますか。 (　　　　　)

② どの角の大きさがわかればかけますか。 (　　　　　)

7 次の三角形ＡＢＣと合同な三角形をかくときに、どこもはからないでかけるときは○を、かけないときは×を書きましょう。

各5点(15点)

①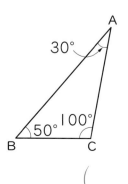

30°
50°　100°
B　　C

(　　　　　)

②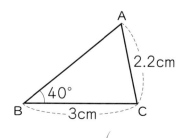

A
2.2cm
40°
B　3cm　C

(　　　　　)

③ 二等辺三角形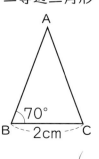

A
70°
B　2cm　C

(　　　　　)

 **ふりかえり** ❶がわからないときは、34ページの❶にもどって確にんしてみよう。

この本の終わりにある「夏のチャレンジテスト」をやってみよう！

ぴったり1 準備

⑦ 図形の角
① 三角形と四角形の角
② しきつめ

学習日　　月　　日

教科書　上 84～91 ページ　答え　17 ページ

✐ 次の ⬚ にあてはまる数を書きましょう。

めあて 三角形の角の大きさを求められるようにしよう。　練習 ①→

三角形の 3 つの角の大きさの和は、180°になります。

1 ⓐ、ⓘの角度は何度ですか。計算で求めましょう。

(1)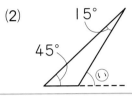

(2)

解き方 (1) ⓐの角度は、⬚−(75+⬚)=⬚　答え ⬚°

(2) ⓘのとなりの角度は、①⬚−(②⬚+③⬚)=④⬚ だから、

ⓘの角度は、180−⑤⬚=⑥⬚　答え ⑦⬚°

めあて 四角形の角の大きさを求められるようにしよう。　練習 ②→

四角形の 4 つの角の大きさの和は、360°になります。

2 ⓐの角度は何度ですか。計算で求めましょう。

解き方 ⬚−(75+80+⬚)=⬚　答え ⬚°

めあて 多角形（たかくけい）の角の大きさの和を求められるようにしよう。　練習 ③→

★三角形、四角形、五角形、…などのように、直線で囲（かこ）まれた図形を**多角形**といいます。

★多角形の角の大きさの和は、いくつの三角形に分けられるかで求められます。

3 五角形の角の大きさの和を求めましょう。

解き方 五角形は、2 本の対角線で ⬚ つの三角形

に分けることができるので、角の大きさの和は、

180×⬚=⬚　答え ⬚°

めあて 合同な四角形はしきつめられることを理解（りかい）しよう。　練習 ④→

どんな四角形でも合同な四角形であれば、

4 つの角を 1 つの点に集めると、しきつめることができます。

ぴったり2
練習
★ できた問題には、「た」をかこう！★
でき ① でき ② でき ③ でき ④

学習日
月　日

教科書 上 84〜91 ページ　　答え 17 ページ

1 ⓐ〜ⓔの角度は何度ですか。計算で求めましょう。
教科書 86 ページ ⚠

①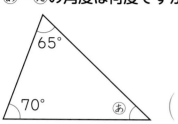

65°
70°　ⓐ
（　　　　　）

②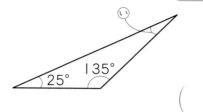

ⓘ
25°　135°
（　　　　　）

③ 二等辺三角形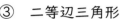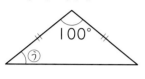

100°
ⓤ
（　　　　　）

④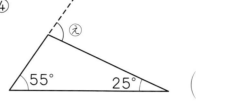

ⓔ
55°　25°
（　　　　　）

2 ⓐ、ⓘの角度は何度ですか。計算で求めましょう。
教科書 87 ページ ❷

①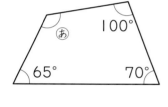

ⓐ　100°
65°　70°
（　　　　　）

②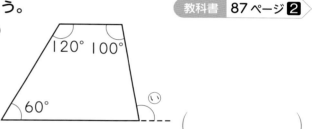

120° 100°
60°　ⓘ
（　　　　　）

3 右の図形について、次の問題に答えましょう。
教科書 89 ページ、90 ページ

① この図形は、何といいますか。

（　　　　　）

② この図形の角の大きさの和は、何度ですか。

（　　　　　）

4 右の四角形をしきつめます。
下の図の①、②の位置には、ⓐ〜ⓔの角のうちどの角が
くるようにならべればよいですか。記号で答えましょう。

教科書 91 ページ ❶

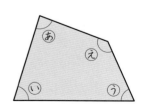

ⓐ
ⓔ
ⓘ
ⓤ

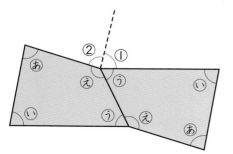

① （　　　　　）　② （　　　　　）

ヒント
- 1 ③ 二等辺三角形の 2 つの角の大きさは等しくなります。
- 3 ② 1 つの頂点から対角線をひいて、三角形に分けて考えます。

7 図形の角

時間 **30**分

／100

合格 **80**点

教科書　上84〜93ページ　答え　18ページ

知識・技能　　　　　　　　　　　　　　　　　　　　　　　　　／70点

1 三角形の3つの角の大きさの和は何度ですか。　　　　　　　　　　(2点)

（　　　　　　　）

2 四角形の4つの角の大きさの和を求めます。　　　　　各4点(8点)
① 1つの頂点から対角線をひくと、いくつの三角形に分けられますか。

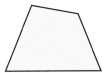

（　　　　　　　）

② 四角形の4つの角の大きさの和は何度ですか。

（　　　　　　　）

3 下の図の五角形、六角形、七角形について答えましょう。　　　各4点(28点)

五角形　　　　　　六角形　　　　　　七角形

① 上の図の五角形、六角形、七角形のように、直線で囲まれた図形を何といいますか。

（　　　　　　　）

② 1つの頂点から対角線をひいてできる三角形の数と、角の大きさの和を求めて、
　下の表に書きましょう。

	五角形	六角形	七角形
三角形の数	㋐	㋑	㋒
角の大きさの和	㋓	㋔	㋕

④ よく出る 次の図の⑧、◯の角度は何度ですか。計算で求めましょう。　式・答え 各4点(16点)

① 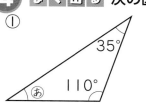 式

答え （　　　　　　）

② 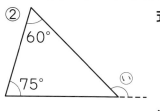 式

答え （　　　　　　）

⑤ よく出る 次の図の⑧、◯の角度は何度ですか。計算で求めましょう。　式・答え 各4点(16点)

①  式

答え （　　　　　　）

② 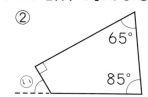 式

答え （　　　　　　）

思考・判断・表現　　　　　　　　　　　　　　　　　／30点

⑥ 右のように、三角定規を重ねてできた⑧と◯の角度の和は、何度
ですか。　　　　　　　　　　　式・答え 各4点(8点)

式

答え （　　　　　　）

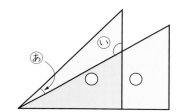

できたらスゴイ！

⑦ 右の三角形ＡＢＣは正三角形で、四角形ＤＢＣＥは平行四辺形で
す。⑧の角度は何度ですか。　　　　　　式・答え 各4点(8点)

式

答え （　　　　　　）

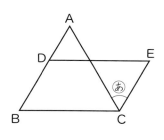

⑧ 六角形の角の大きさの和を、ふじとさんとさきさんは次のように求めました。□にあて
はまる数を書きましょう。　　　　　　　　　　　　　　　完答 各7点(14点)

① ふじと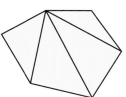

㋐□ × ㋑□ = ㋒□

答え ㋓□ °

② さき

㋐□ × ㋑□ − ㋒□ = ㋓□

答え ㋕□ °

ふりかえり 🐼　❶がわからないときは、40ページの❶にもどって確にんしてみよう。

ぴったり① 準備

3分でまとめ

8 偶数と奇数、倍数と約数

① 偶数と奇数

学習日 　月　　日

教科書 上 94〜97 ページ　答え 19 ページ

✎ 次の▢ にあてはまる数やことばを書きましょう。

🎯めあて 偶数と奇数の意味を理解しよう。 練習 ➊ ➋ ➌ ➍ →

⭐ 2 でわりきれる整数を、**偶数**といいます。

⭐ 2 でわりきれない整数を、**奇数**といいます。

⭐ 0 は偶数とします。

┌─ 整数 ─┐
| 偶数 | 奇数 |
| 0、2、4、6、8、… | 1、3、5、7、9、… |

1 下の数直線で、偶数を〇で、奇数を▢で囲みましょう。

0 1 2 3 4 5 6 7 8 9 10 11 12 13 14 15 16 17 18 19 20

解き方 偶数は▢ でわりきれる整数です。

奇数は▢ でわると、▢ あまる整数です。

0 1 2 3 4 5 6 7 8 9 10 11 12 13 14 15 16 17 18 19 20

2 次の整数は、それぞれ偶数ですか、奇数ですか。

(1) 23 　　　(2) 24 　　　(3) 56 　　　(4) 77

解き方 (1) 図に表すと、

2 でわりきれないから、23 は▢ です。

式に表すと、23＝2×▢ ＋▢

(2) 図に表すと、

2 でわりきれるから、24 は▢ です。

式に表すと、24＝2×▢

(3) 2 でわりきれるから、56 は▢ です。

式に表すと、56＝2×▢

(4) 2 でわりきれないから、77 は▢ です。

式に表すと、77＝2×▢ ＋▢ です。

一の位の数字を見れば、偶数か、奇数かわかるね。(1)は 3、(2)は 4、(3)は 6、(4)は 7 から考えよう。

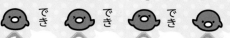

★ できた問題には、「た」をかこう！★

でき ① でき ② でき ③ でき ④

学習日 　月　　日

教科書 上 94〜97 ページ ｜ 答え 19 ページ

1 次の整数を、偶数と奇数に分けましょう。　　教科書 95 ページ 1

0　　5　　12　　26　　39　　43　　71　　87　　98　　100

偶数 (　　　　　　　　　　　　　　　　)

奇数 (　　　　　　　　　　　　　　　　)

2 次の整数は偶数ですか、奇数ですか。
また、□ にあてはまる数を書きましょう。　　教科書 97 ページ 2

① 6＝2×□

(　　　　　　　)

② 7＝2×□＋1

(　　　　　　　)

③ 43＝2×□＋1

(　　　　　　　)

④ 44＝2×□

(　　　　　　　)

3 1、2、3 の数字を 1 回ずつ使って 3 けたの整数をつくります。　　教科書 97 ページ 2

① いちばん小さい偶数はいくつですか。

(　　　　　　　)

② いちばん大きい奇数はいくつですか。

(　　　　　　　)

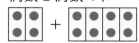

4 次の 2 つの数の和は、偶数になりますか、奇数になりますか。　　教科書 97 ページ 2

① 偶数と偶数の和

(　　　　　　　)

② 偶数と奇数の和

(　　　　　　　)

③ 奇数と奇数の和

(　　　　　　　)

できたら、差についても
考えてみよう。

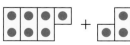 2 2×□は、2 でわりきれることを、2×□＋1 は、2 でわりきれないことを
表しています。

45

準備

② 倍数と公倍数

教科書　上98〜101ページ　　答え　20ページ

✏ 次の　　にあてはまる数や記号を書きましょう。

◎めあて　**倍数の意味を理解し、求められるようにしよう。**　練習 ①→

⭐ 4、8、12、16、…のように、4 に整数をかけてできる数を、4 の**倍数**といいます。
⭐ 0 は、倍数に入れないことにします。

1 5 の倍数を、小さいほうから順に 5 つ書きましょう。

解き方　5 に 1、2、3、4、5 をかけてできる数を求めます。
　　5 の倍数は、小さいほうから順に、① ＿＿ 、② ＿＿ 、③ ＿＿ 、④ ＿＿ 、⑤ ＿＿

◎めあて　**公倍数、最小公倍数の意味を理解し、求められるようにしよう。**　練習 ②③④⑤→

⭐ 3 と 4 の共通な倍数を、3 と 4 の**公倍数**といいます。
⭐ 公倍数のうちで、いちばん小さい数を、**最小公倍数**といいます。
⭐ 公倍数は、最小公倍数の倍数になっています。

```
3の倍数      4の倍数
3、6、9、    ⑫   4、8、
15、18、21、  24  16、20、
27、30、…       28、32、…
        3と4の公倍数
```

2 2 と 5 の公倍数を、小さいほうから順に 3 つ書きましょう。
　　また、2 と 5 の最小公倍数はいくつですか。

解き方
・2 の倍数　　2、4、6、8、⑩、12、14、16、18、① ＿＿ 、…
　5 の倍数　　5、⑩、15、② ＿＿ 、25、…
・2 の倍数　　　2、4、6、8、10、12、14、16、18、20、…
　5 の倍数かどうか　× × × × ○ ③ ＿ ④ ＿ ⑤ ＿ ⑥ ＿ ⑦ ＿ …
・5 の倍数　　　5、10、15、20、25、30、…
　2 の倍数かどうか　× ○ ⑧ ＿ ⑨ ＿ ⑩ ＿ ⑪ ＿ …

答え　公倍数 ⑫ ＿＿ 、⑬ ＿＿ 、⑭ ＿＿ 　　最小公倍数 ⑮ ＿＿

どの求め方が早くできるかな。

3 2 と 4 と 5 の最小公倍数はいくつですか。

解き方　5 の倍数　　5、10、15、20、25、30、…
　4 の倍数かどうか　× × ① ＿ ② ＿ ③ ＿ ④ ＿ …
　2 の倍数かどうか　× ○ ⑤ ＿ ⑥ ＿ ⑦ ＿ ⑧ ＿ …　　　答え ⑨ ＿＿

① 次の数のうち、9 の倍数はどれですか。全部答えましょう。

教科書 98 ページ **1**

9、15、27、30、48、63、108

（　　　　　　　　　　　　　　　　）

② 下の数直線で、2、3 の倍数を○で囲みましょう。
また、1 から 15 までの整数のうち、2 と 3 の公倍数を全部答えましょう。

教科書 99 ページ ①

2 の倍数はどんな数かな。

2の倍数　0　1　2　3　4　5　6　7　8　9　10　11　12　13　14　15

3の倍数　0　1　2　3　4　5　6　7　8　9　10　11　12　13　14　15

2 と 3 の公倍数（　　　　　　　　　　）

③ （　）の中の数の公倍数を、小さい順に 5 つ求めましょう。

教科書 100 ページ **2**

① （3、6）　　　　　　　　　　　　② （2、7）

（　　　　　　　　　）　　　　　　（　　　　　　　　　）

③ （4、10）　　　　　　　　　　　④ （9、15）

（　　　　　　　　　）　　　　　　（　　　　　　　　　）

④ （　）の中の数の最小公倍数を求めましょう。

教科書 101 ページ **3**・④

① （4、9、12）　　　　　　　　　② （2、4、8）

（　　　　　　　　　）　　　　　　（　　　　　　　　　）

⑤ 駅前から右のように、㋐、㋑、㋒のバスが出ています。7 時 20 分に、㋐、㋑、㋒のバスが同時に発車しました。

教科書 101 ページ ⑤

㋐	病院行き	6 分おきに発車
㋑	市役所行き	15 分おきに発車
㋒	図書館行き	20 分おきに発車

① ㋐、㋑、㋒のバスが次に同時に発車するのは何分後ですか。

（　　　　　　　　　）

② ①の時こくは何時何分ですか。

（　　　　　　　　　）

⑧ 偶数と奇数、倍数と約数

③ 約数と公約数

教科書　上 102〜104 ページ　答え　20 ページ

✏ 次の ▢ にあてはまる数や記号を書きましょう。

🎯 めあて　約数の意味を理解し、求められるようにしよう。　練習 ①→

6 は、1、2、3、6 でわりきれます。
この 1、2、3、6 を、6 の**約数**といいます。

```
        約数
  6 ┌─────┐ 3
        倍数
```

1 15 の約数を、全部求めましょう。

解き方　15 をわりきれる数は、
1、3、▢、▢

```
1  3  □  □
```

かけ合わせると、15 になっているよ。

🎯 めあて　公約数、最大公約数の意味を理解し、求められるようにしよう。　練習 ②③④⑤⑥→

⭐6 と 8 の共通な約数を、6 と 8 の**公約数**といいます。
⭐公約数のうちで、いちばん大きい数を、**最大公約数**といいます。
⭐公約数は、最大公約数の約数になっています。

```
6の約数    8の約数
  3    1    4
  6   ②    8
    6と8の公約数
```

2 18 と 24 の公約数を、全部求めましょう。また、最大公約数を求めましょう。

解き方
・18 の約数　①、②、①▢、②▢、③▢、18
　24 の約数　①、②、④▢、⑤▢、⑥▢、⑦▢、⑧▢、24
・18 の約数　　　　1、2、⑨▢、⑩▢、⑪▢、18
　24 の約数かどうか　○　○　⑫▢　⑬▢　⑭▢　×

答え　公約数　1、2、⑮▢、⑯▢　　最大公約数　⑰▢

3 8 と 12 と 20 の最大公約数はいくつですか。

解き方　8 の約数　　　　1、　　2、　　4、　　8
12 の約数かどうか　○　①▢　②▢　③▢
20 の約数かどうか　○　④▢　⑤▢　⑥▢

答え　⑦▢

いちばん小さい数の約数から調べていくんだね。

教科書 上 102～104 ページ　　答え 21 ページ

1 次の数の約数を、それぞれ全部求めましょう。　　教科書 102 ページ **1**

① 4　　　　　　　　　　　　　　　② 21

（　　　　　　　）　　　　　　　　　（　　　　　　　）

2 下の数直線で、10、16 の約数を○で囲みましょう。
また、10 と 16 の公約数を全部答えましょう。　　教科書 102 ページ **1**

10の約数　0　1　2　3　4　5　6　7　8　9　10　11　12　13　14　15　16

16の約数　0　1　2　3　4　5　6　7　8　9　10　11　12　13　14　15　16

10 と 16 の公約数 （　　　　　　　）

3 （　）の中の数の公約数を、全部求めましょう。
また、最大公約数を求めましょう。　　教科書 104 ページ **2**

① （6、15）　　　　　　　　　　　② （20、32）

　公約数 （　　　　　　　）　　　　　　公約数 （　　　　　　　）

　最大公約数 （　　　　　　　）　　　最大公約数 （　　　　　　　）

4 12 と 16 と 24 の最大公約数はいくつですか。　　教科書 104 ページ ④

（　　　　　　　）

5 （　）の中の数の最大公約数を求めましょう。　　教科書 104 ページ ⑤

① （12、18、30）　　　　　　　　② （8、24、40）

（　　　　　　　）　　　　　　　　（　　　　　　　）

6　27 cm と 36 cm のテープがあります。このテープを
あまりなく、同じ整数の長さに切ります。1 本分の長さは
何 cm ですか。また、そのときのテープの数は何本ですか。
全部書きましょう。

答えは、「● cm のとき■本」と表しましょう。

--27cm--

--36cm--

教科書 102 ページ **1**、104 ページ **2**

1 本分の長さを表す
数は、どんな数と
いえるかな。

（

ヒント　④⑤ まず、いちばん小さい数の約数を求めます。

⑧ 偶数と奇数、倍数と約数

時間 **30** 分

/100

合格 **80** 点

教科書 上 94〜107 ページ   答え 21 ページ

知識・技能   /50点

1 よく出る 次の整数を、偶数と奇数に分けましょう。   各5点(10点)

19   27   38   43   51   74   96

偶数 （   ）

奇数 （   ）

2 よく出る （ ）の中の数の公倍数を、小さい順に２つ求めましょう。
また、最小公倍数を求めましょう。   1問5点(20点)

①　（5、8）   ②　（4、6、15）

公倍数 （   ）   公倍数 （   ）

最小公倍数 （   ）   最小公倍数 （   ）

3 よく出る （ ）の中の数の公約数を、全部求めましょう。
また、最大公約数を求めましょう。   1問5点(20点)

①　（15、20）   ②　（16、32、40）

公約数 （   ）   公約数 （   ）

最大公約数 （   ）   最大公約数 （   ）

思考・判断・表現   /50点

4 ご石が８個あります。このご石を、１列に同じ数ずつ、何列かにあまりなくならべます。
１列に何個を何列ならべればよいですか。全部書きましょう。
答えは、「●個を■列」と表しましょう。   (5点)

（   ）

5 たて 10 cm、横 12 cm の長方形の紙を、同じ向きにすきまなくしきつめて正方形を作ります。　各6点(12点)

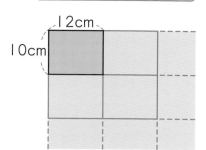
12cm
10cm

① いちばん小さい正方形の 1 辺の長さは何 cm ですか。

（　　　　　）

② ①のとき、長方形の紙は何まい必要ですか。

（　　　　　）

6 たて 40 cm、横 48 cm の長方形の画用紙に、合同な正方形の色板をすきまなくしきつめます。　各6点(12点)

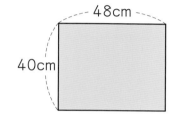
48cm
40cm

① いちばん大きい正方形の 1 辺の長さは何 cm ですか。

（　　　　　）

② ①のとき、正方形の色板は何まい必要ですか。

（　　　　　）

7 みかんが 28 個、バナナが 42 本あります。　②は全部できて 1問7点(14点)

① みかんとバナナをあまりのないように、それぞれ同じ数ずつできるだけ多くの人に分けると、何人に分けられますか。

（　　　　　）

② ①のとき、1 人分のみかんの個数とバナナの本数を求めましょう。

みかんの個数（　　　　　）

バナナの本数（　　　　　）

8 ある駅から、ふつう電車は 8 分おきに、急行電車は 10 分おきに発車します。
8 時 25 分に、ふつう電車と急行電車が同時に発車しました。
ふつう電車と急行電車が次に同時に発車する時こくは、何時何分ですか。　(7点)

ふつう電車　0　8　16　24　32

急行電車　0　10　20　30

（　　　　　）

ふりかえり　**1** がわからないときは、44 ページの **1** にもどって確にんしてみよう。

ぴったり① 準備

3分でまとめ

⑨ 分数と小数、整数の関係

① わり算と分数

学習日　月　日

教科書　上108〜112ページ　答え　22ページ

✏️ 次の ☐ にあてはまる数を書きましょう。

めあて　わり算の商を分数で表すことができるようにしよう。　練習 ① ②→

わり算の商は、分数で表すことができます。　　$■ ÷ ● = \dfrac{■}{●}$

1 わり算の商を分数で表しましょう。

(1) $3 ÷ 5$　　　　　　　　　　　　　(2) $5 ÷ 3$

解き方 (1)　3Ｌを5等分した1こ分は、$\dfrac{1}{5}$Ｌの ☐① こ分になります。

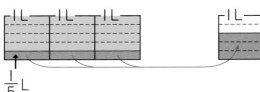

$3 ÷ 5 = \dfrac{②}{③}$

$\dfrac{■}{●}$は、
・$\dfrac{1}{●}$の■こ分
・$■ ÷ ●$の商
を表しているよ。

(2)　5Ｌを3等分した1こ分は、$\dfrac{1}{3}$Ｌの ☐④ こ分になります。

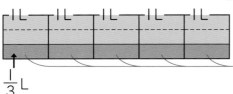

$5 ÷ 3 = \dfrac{⑤}{⑥}$

めあて　分数で表す倍を求められるようにしよう。　練習 ③ ④→

何倍かを表すときにも、分数を使うことがあります。

2 右のような重さの箱があります。
(1)　Ａの箱の重さをもとにすると、Ｂの箱の重さは何倍ですか。
(2)　Ａの箱の重さをもとにすると、Ｃの箱の重さは何倍ですか。

	A	B	C
重さ(kg)	6	5	7

解き方 | もとにする大きさ | は、6kg です。

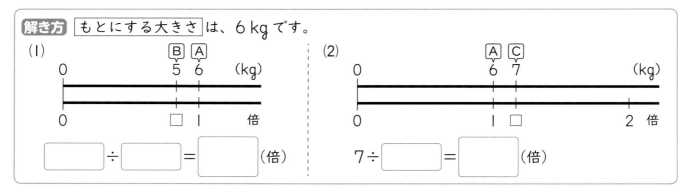

(1)

```
      Ⓑ Ⓐ
0     5  6    (kg)

0     ☐  1    倍
```

☐ ÷ ☐ = ☐ (倍)

(2)

```
            Ⓐ Ⓒ
0           6 7         (kg)

0           1 ☐      2  倍
```

$7 ÷$ ☐ $=$ ☐ (倍)

ぴったり 2
練習

★ できた問題には、「た」をかこう！★
でき 1　でき 2　でき 3　でき 4

学習日
月　　日

教科書 上 108〜112 ページ　答え 22 ページ

1 次のわり算の商を分数で表しましょう。
教科書 109 ページ 1、111 ページ ①・②

①　2÷9

②　6÷13

③　7÷4

④　8÷3

⑤　13÷9

⑥　11÷15

2 □にあてはまる数を書きましょう。
教科書 111 ページ ③

①　$\frac{2}{7}=$ □$÷7$

②　$\frac{5}{2}=5÷$ □

③　$\frac{13}{4}=13÷$ □

④　$\frac{9}{16}=$ □$÷16$

3 次の問題を、分数で答えましょう。
教科書 112 ページ 2

①　7cm は、3cm の何倍ですか。

②　15m² は、8m² の何倍ですか。

③　4g を 1 とみると、9g はいくつにあたりますか。

④　9g を 1 とみると、4g はいくつにあたりますか。

4 ジュースが 17L、牛にゅうが 12L あります。
教科書 112 ページ 2・⑤

①　ジュースのかさは、牛にゅうのかさの何倍ですか。

②　牛にゅうのかさは、ジュースのかさの何倍ですか。

ヒント　3 4　整数や小数の倍と同じように、もとにする大きさが何かを考えます。

53

✏️ 次の ▢ にあてはまる数を書きましょう。

めあて 分数を、小数で表すことができるようにしよう。　練習 ①②→

分数を小数で表すには、分子を分母でわります。

1 (1) $\frac{2}{5}$、(2) $1\frac{1}{4}$ を、それぞれ小数で表しましょう。

解き方 (1) $\frac{2}{5} =$ ▢① ÷ ▢②
　　　　　　　　　分子　　分母

　　　　　$=$ ▢③

(2) $1\frac{1}{4} = 1 +$ ▢④

　　$\frac{1}{4} =$ ▢⑤ ÷ ▢⑥ $=$ ▢⑦

　　だから、$1\frac{1}{4} =$ ▢⑧

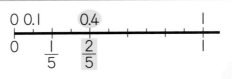

$1\frac{1}{4} = \dfrac{▢⑨}{4}$

　　　$= $ ▢⑩ ÷ ▢⑪

　　　$= $ ▢⑫

帯分数は、
「整数＋真分数」か
「仮分数」になお
せばいいんだね。

めあて 小数を、分数で表すことができるようにしよう。　練習 ③→

小数は、10、100 などを分母とする分数で表すことができます。

2 (1) 0.7、(2) 1.23 を、それぞれ分数で表しましょう。

解き方 (1) $0.1 = \dfrac{1}{▢①}$ だから、

　　　　$0.7 = \dfrac{▢②}{▢③}$

0.7は、
0.1の7こ分だから、
$\frac{1}{10}$ の7こ分だね。

(2) $0.01 = \dfrac{1}{▢④}$ だから、

　　$1.23 = \dfrac{▢⑤}{▢⑥}$

めあて 整数を、分数で表すことができるようにしよう。　練習 ④→

整数は、1 などを分母とする分数で表すことができます。

3 9 を、分数で表しましょう。

解き方 $9 = 9 ÷$ ▢ $=$ ▢

教科書 上 113〜115 ページ　　答え 22 ページ

① 次の分数を、小数や整数で表しましょう。　教科書 113ページ ■、114ページ ②

① $\dfrac{1}{5}$

② $\dfrac{7}{2}$

③ $\dfrac{15}{4}$

(　　　　　)　　　　(　　　　　)　　　　(　　　　　)

④ $\dfrac{18}{9}$

⑤ $1\dfrac{4}{5}$

⑥ $2\dfrac{1}{8}$

(　　　　　)　　　　(　　　　　)　　　　(　　　　　)

② ◯にあてはまる不等号を書きましょう。　教科書 114ページ ①

① $\dfrac{1}{4}$ ◯ 0.2

② 1.6 ◯ $\dfrac{7}{5}$

③ 2.4 ◯ $2\dfrac{1}{2}$

③ 次の小数を、分数で表しましょう。　教科書 115ページ ②

① 0.4

② 0.07

③ 0.26

(　　　　　)　　　　(　　　　　)　　　　(　　　　　)

④ 1.9

⑤ 1.48

⑥ 5.01

(　　　　　)　　　　(　　　　　)　　　　(　　　　　)

④ 次の整数を、分数で表します。◯にあてはまる数を書きましょう。　教科書 115ページ ②

① $2 = 2 \div \boxed{⑦}$

　$= \dfrac{\boxed{④}}{\boxed{⑤}}$

② $8 = \dfrac{\boxed{⑦}}{} \div 1$

　$= \dfrac{\boxed{④}}{\boxed{⑤}}$

③ $14 = \dfrac{\boxed{⑦}}{} \div 1$

　$= \dfrac{\boxed{④}}{\boxed{⑤}}$

ヒント　② 分数を小数で表して、大小を比べます。不等号を使って式に表すときは、
大＞小　または、小＜大　とします。

ぴったり3
確かめのテスト

❾ 分数と小数、整数の関係

時間 30 分
／100
合格 80 点

教科書 上 108～117 ページ ｜ 答え 23 ページ

知識・技能 ／75点

① よく出る 次のわり算の商を分数で表しましょう。 各3点(12点)

① 7÷3

② 15÷4

( )

( )

③ 5÷13

④ 18÷25

( )

( )

② □ にあてはまる数を書きましょう。 各3点(6点)

① $\dfrac{4}{17}$ = 4 ÷ [ ]

② $\dfrac{16}{15}$ = [ ] ÷ 15

③ 次の長さの青、白、赤のテープがあります。□ にあてはまる数を書きましょう。

全部できて 1問6点(12点)

```
   青   白              赤
   7   9              20(m)
0  |   |              |
───┼───┼──────────────┼───
0  □   1              □ 倍
```

① 青のテープの長さが、白のテープの長さの何倍になるかを求める式は、

[ ] ÷ [ ] だから、 [ ] 倍になります。

② 赤のテープの長さが、白のテープの長さの何倍になるかを求める式は、

[ ] ÷ [ ] だから、 [ ] 倍になります。

④ よく出る 次の分数を、小数や整数で表しましょう。 各5点(15点)

① $\dfrac{11}{8}$

② $\dfrac{35}{7}$

③ $2\dfrac{3}{5}$

( )

( )

( )

5 よく出る 次の小数や整数を、分数で表しましょう。　　　各5点（15点）

① 0.8　　　　　　　　② 1.32　　　　　　　③ 6

$$(\qquad)\qquad(\qquad)\qquad(\qquad)$$

6 ◯にあてはまる等号、不等号を書きましょう。　　　各5点（15点）

① $\frac{8}{5}$ ◯ 1.7　　　② $1\frac{3}{4}$ ◯ 1.75　　　③ $\frac{1}{8}$ ◯ 0.12

7 次の考え方は正しいですか、正しくないですか。
◯にあてはまる数や式、ことばを書いて、そのわけを説明しましょう。　全部できて（10点）

> 2mのテープを5等分した1こ分の長さは、$\frac{1}{5}$ mです。

$\frac{1}{5}$ mは、◯ mを ◯ 等分した1こ分の長さです。

2mを5等分した1こ分の長さを求める式は、◯ ＝ ◯ (m)

となるから、上の考えは ◯ です。

8 みかんが25個、りんごが8個あります。　式・答え 各5点（15点）

① りんごの数は、みかんの数の何倍ですか。答えは分数で表しましょう。

式

答え（　　　　　）

② ①の答えを、小数で表しましょう。

（　　　　　）

ふりかえり ❶がわからないときは、52ページの❶にもどって確かめてみよう。

差や和に注目して

〈表を使って考える〉

1 とうまさんとひまりさんは、同じ本を読んでいます。

とうまさんは、昨日までに 42 ページ読み、今日からは毎日 3 ページずつ読んでいきます。

ひまりさんは、昨日までは読んでいなくて、今日からは毎日 6 ページずつ読んでいきます。

2 人の読んだページ数が同じになるのは、何日めですか。

① 下の表のあいているところに、数を書いて調べましょう。

	昨日まで	1日め（今日）	2日め	3日め	4日め	5日め	6日め	
とうま（ページ数）	42	45						
ひまり（ページ数）	0	6						
差 （ページ数）	42	39						

② ページ数の差は、1 日ごとに何ページずつちぢまっていますか。

（　　　　　）

③ 読んだページ数が同じになるのは何日めかを、次のように考えました。

□ にあてはまる数を書いて、求めましょう。

最初の差は 42 ページで、日ごとに □ ページずつちぢまるから、

42 ÷ □ ＝ □

答え（　　　　　）

> 読んだページ数が同じになるのは、差が 0 ページになるときだね。

2 ゆきさんは、去年 3000 円貯金して、今年の 1 月からは毎月 250 円ずつ貯金しています。

りきさんは、去年 1500 円貯金して、今年の 1 月からは毎月 400 円ずつ貯金しています。

何月になると、2 人の貯金の金額が等しくなりますか。下の表のあいているところに、ことばや数を書いて考えましょう。

	去年	1月	2月	3月	4月
ゆき （円）	3000				
りき （円）	1500				

式

> 2 人の貯金の金額の何に目をつければいいかな。

答え（　　　　　）

3 川の南側と北側をつなぐ、長さが 240 m の橋を建設する工事をしています。

　南側は、昨日までに 60 m 造り、今日から毎日 8 m ずつ造ります。北側は、今日から造り始め、毎日 10 m ずつ造ります。

　南側と北側がつながるのに、あと何日かかりますか。

① 下の表のあいているところに、数を書いて調べましょう。

	昨日まで	1日 （今日）	2日	3日	4日	
南側（m）	60	68				
北側（m）	0	10				
和　（m）	60					

② 造った橋の長さの和は、1日ごとに何 m ずつ増えていますか。

（　　　　　　　　　）

③ 南側と北側がつながるのにかかる今日からの日数を、次のように考えました。

　□にあてはまる数を書いて、求めましょう。

北側を造り始めてから、あと
240－60＝180（m）
造れば、南側と北側がつながるね。

　橋はあと 180 m でつながり、造った橋の長さの和は、

　1日ごとに [　　　] m ずつ増えていくから、

　180÷[　　　]＝[　　　]

　　　　　　　　答え（　　　　　　　）

4 はるかさんは、妹とお金を出し合って、3000 円のゲームソフトを買うことにしました。

　はるかさんは、去年 600 円貯金して、今年の 1 月からは毎月 180 円ずつ貯金しています。

　妹は、去年は貯金がなく、今年の 1 月から毎月 120 円ずつ貯金を始めました。

　何月になると、2 人はゲームソフトを買うことができますか。下の表のあいているところに、ことばや数を書いて考えましょう。

	去年	1月	2月	3月	4月	
はるか（円）						
妹　　（円）						

2人の貯金の金額の
何に目をつければ
いいかな。

式

　　　　　　　　答え（　　　　　　　）

データにかくれた事実にせまろう

📖 教科書　上 120〜121 ページ　　🔁 答え　24 ページ

1 生活係のはるまさんは、学校のあるＡ市について、下のような、記事を見つけました。

① 右の折れ線グラフを見て、2021 年の
Ａ市の総人口を答えましょう。

（　　　　　　　　　　　）

② 右の折れ線グラフを見て、2021 年に
人口が<u>急</u>に減少したといってよいですか。
考えを書きましょう。

（　　　　　　　　　　　　　　　　　　）

Ａ市の人口、2021 年に<u>急</u>に減少！

Ａ市の総人口
（北区、東区、南区、西区）

（人）
7500
7097　7203
7000　　　　　6881
6809
6500　　　　　　　　6379
6000

2016 2017 2018 2019 2021 （年）

※2020年は調査をしていません。

③ 次のデータ１を見て、下の㋐、㋑のことがらについて、「正しい」、「正しくない」、
「このデータからはわからない」のどれかで答えましょう。

データ１	Ａ市の地区別人口			
年	北区（人）	東区（人）	南区（人）	西区（人）
2016	1753	1625	1629	1802
2017	1855	1731	1601	1910
2018	1865	1795	1598	1945
2019	1769	1998	1565	1549
2021	1947	2001	1002	1429

2020 年のデータが
ないから…。

㋐ 南区は、毎年人口が減少している。

（　　　　　　　　　　　　　　　　　　　　）

㋑ 2017 年と 2019 年の人口を比かくし、人口が<u>増加</u>した地区は、東区と西区である。

（　　　　　　　　　　　　　　　　　　　　）

2 生活係のなみさんは、クラスのみんなに勉強時間に関するアンケートを行い、その結果をデータ2、データ3、データ4のように整理しました。

データ2
（質問1）学校の授業以外で、平日に1日どのくらい勉強（宿題をする時間をふくむ）をしているか

回答	人数（人）
⑦2時間以上	8
⑦1時間以上2時間未満	9
⑦30分以上1時間未満	15
⑦30分未満	3

データ3
（質問2）今より勉強時間を増やしたいか

回答	人数（人）
⑦増やしたい	13
⑦まあまあ増やしたい	10
⑦あまり増やしたくない	7
⑦増やしたくない	5

データ4 質問1と質問2のまとめ

		質問2 ⑦	⑦	⑦	⑦	合計
質問1	⑦	3	4	1	0	
	⑦	2		4	1	9
	⑦		3	2	4	15
	⑦	★2	1		0	3
	合計	13	10	7	5	

① データ2から、平日に1時間以上勉強をしている人の人数を読み取りましょう。

（　　　　　　　）

② データ4の表のあいているところに、数を書きましょう。

③ データ4の★をつけた2は、アンケートで何と答えた人ですか。

（

）

④ データ2、データ3、データ4から、わかることを書きましょう。

（

）

ぴったり 1
準 備
3分でまとめ

10 分数のたし算とひき算
① 分数のたし算、ひき算と約分、通分ー1

学習日

月　　日

教科書　下2〜8ページ　　答え　25ページ

 次の◯にあてはまる数を書きましょう。

◎めあて　分母のちがう分数のたし算やひき算のしかたを理解しよう。　　練習 ①→

分母のちがう分数のたし算やひき算は、大きさの
等しい分数を見つけて、分母をそろえて計算します。

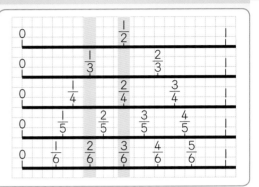

1 $\frac{1}{2} - \frac{1}{3}$ の計算のしかたを説明しましょう。

解き方　$\frac{1}{2} - \frac{1}{3} = \frac{①}{6} - \frac{②}{6} = \frac{③}{④}$

◎めあて　大きさの等しい分数になおす方法について理解しよう。　　練習 ②③→

分母と分子に同じ数をかけても、分母と分子を同じ数で
わっても、分数の大きさは変わりません。

$\frac{●}{■} = \frac{● × ▲}{■ × ▲}$　　$\frac{●}{■} = \frac{● ÷ ▲}{■ ÷ ▲}$

2 ◻にあてはまる数を書きましょう。

(1) $\frac{3}{4} = \frac{15}{◻}$

(2) $\frac{18}{24} = \frac{◻}{12}$

解き方 (1) $\frac{3}{4} = \frac{3 × ①}{4 × ②} = \frac{15}{③}$

(2) $\frac{18}{24} = \frac{18 ÷ ④}{24 ÷ ⑤} = \frac{⑥}{12}$

◎めあて　約分ができるようにしよう。　　練習 ④⑤→

分母と分子を、それらの公約数でわって、
分母の小さい分数にすることを、**約分**する
といいます。

約分するときは、ふつうは
分母をできるだけ小さくするよ。

3 $\frac{24}{32}$ を約分しましょう。

解き方 $\frac{24}{32} = \frac{24 ÷ 2}{32 ÷ 2} = \frac{12}{16}$　　$\frac{12}{16} = \frac{12 ÷ 2}{16 ÷ 2} = \frac{6}{8}$　　$\frac{6}{8} = \frac{6 ÷ 2}{8 ÷ 2} = \frac{①}{②}$

32 と 24 の最大公約数8でわると、1回の約分で分母がいちばん小さい分数になおせます。

$\frac{24}{32} = \frac{24 ÷ 8}{32 ÷ 8} = \frac{③}{④}$

ぴったり 2

練習

★ できた問題には、「た」をかこう！★
 でき でき でき でき でき
① ② ③ ④ ⑤

学習日
月　　　日

📖 教科書　下2〜8ページ　✏ 答え　25ページ

1 右の数直線を使って次の計算をします。□ にあてはまる数を書きましょう。

教科書　3ページ **1**

① $\dfrac{2}{3} + \dfrac{1}{6} = \dfrac{⑦}{6} + \dfrac{①}{6} = \dfrac{⑨}{⑪}$

② $\dfrac{3}{4} + \dfrac{1}{8} = \dfrac{⑦}{8} + \dfrac{1}{①} = \dfrac{⑨}{⑪}$

③ $\dfrac{5}{8} - \dfrac{1}{4} = \dfrac{⑦}{8} - \dfrac{①}{⑨} = \dfrac{⑪}{⑰}$

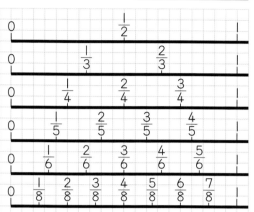

2 □ にあてはまる数を書きましょう。

教科書　5ページ **2**

① $\dfrac{5}{6} = \dfrac{\boxed{}}{36} = \dfrac{\boxed{}}{54}$

② $\dfrac{12}{20} = \dfrac{\boxed{}}{5} = \dfrac{24}{\boxed{}}$

3 次の分数と大きさの等しい分数を 2 つずつつくりましょう。

教科書　6ページ ①

① $\dfrac{3}{5}$

② $\dfrac{9}{6}$

（　　　　　　　　）

（　　　　　　　　）

4 次の分数を約分しましょう。

教科書　8ページ ②

① $\dfrac{6}{15}$

② $1\dfrac{27}{36}$

③ $\dfrac{60}{12}$

（　　　　　　）

（　　　　　　）

（　　　　　　）

5 次の分数を約分して、$\dfrac{5}{4}$ と大きさの等しい分数を全部見つけ、

⑦〜⑪の記号で答えましょう。

教科書　8ページ ③

⑦ $\dfrac{10}{8}$　　　① $\dfrac{18}{16}$　　　⑨ $\dfrac{25}{20}$　　　① $\dfrac{40}{32}$　　　② $\dfrac{70}{60}$

（　　　　　　　　　　　）

🔴 ヒント　④ 分母と分子の最大公約数で約分すれば、1 回の約分で分母がいちばん
小さい分数になおせます。

✏️ 次の ⬜ にあてはまる数を書きましょう。

🎯**めあて** 通分して、分数のたし算やひき算ができるようにしよう。　練習 ① ② ③ →

⭐分母がちがういくつかの分数を、それぞれの大きさを変えないで、共通な分母の分数になおすことを、**通分**するといいます。通分することで分母がちがう分数の計算ができます。

⭐分母がちがう分数のたし算やひき算は、通分してから計算します。

1 $\frac{2}{5}$ と $\frac{1}{3}$ を、分母が 15 になるように通分しましょう。

解き方

答え　$\frac{⑤}{15}$ 、 $\frac{⑥}{15}$

2 $\frac{2}{5}+\frac{1}{3}$ を計算しましょう。

解き方 $\frac{2}{5}+\frac{1}{3}=\frac{①}{15}+\frac{②}{15}=\frac{③}{④}$

分母が同じ分数なら、たし算やひき算ができるね。

🎯**めあて** 答えの表し方や通分のしかたを考えて計算できるようにしよう。　練習 ③ ④ ⑤ →

答えが約分できるときは、分母をできるだけ小さくします。

3 (1) $\frac{1}{3}+\frac{1}{6}$、(2) $\frac{5}{6}-\frac{3}{8}$ を計算しましょう。

解き方 (1) $\frac{1}{3}+\frac{1}{6}=\frac{①}{6}+\frac{②}{6}=\frac{③}{6}=\frac{④}{2}$

(2) $\frac{5}{6}-\frac{3}{8}=\frac{⑤}{24}-\frac{⑥}{24}=\frac{⑦}{24}$

分母の最小公倍数を分母にして通分するといいね。

4 $\frac{3}{4}+\frac{1}{3}-\frac{5}{6}$ を計算しましょう。

解き方 $\frac{3}{4}+\frac{1}{3}-\frac{5}{6}=\frac{①}{12}+\frac{②}{12}-\frac{③}{12}$

$=\frac{④}{12}=\frac{⑤}{⑥}$

4、3、6の最小公倍数12で通分し、前から順に計算しよう。

📖 教科書　下 9～12 ページ　　📄 答え　25 ページ

1 次の分数を通分して大小を比べ、□ にあてはまる等号や不等号を書きましょう。

教科書 11 ページ④

① $\frac{1}{2}$ □ $\frac{3}{7}$

② $\frac{4}{9}$ □ $\frac{7}{15}$

③ $1\frac{5}{12}$ □ $1\frac{15}{36}$

2 （ ）の中の分数を、いちばん小さい分母で通分しましょう。

教科書 11 ページ⑤

① $\left(\frac{1}{4}、\frac{5}{7}\right)$

② $\left(\frac{3}{4}、\frac{9}{16}\right)$

③ $\left(\frac{2}{5}、\frac{7}{6}、\frac{3}{10}\right)$

（　　　　　）　（　　　　　）　（　　　　　）

3 次の計算をしましょう。

教科書 11 ページ⑥、12 ページ⑤・⑦

① $\frac{2}{5}+\frac{4}{7}$

② $\frac{5}{12}+\frac{1}{3}$

③ $\frac{5}{4}+\frac{1}{6}$

④ $\frac{3}{4}-\frac{2}{3}$

⑤ $\frac{7}{10}-\frac{1}{2}$

⑥ $\frac{7}{6}-\frac{4}{9}$

4 次の計算をしましょう。

教科書 12 ページ⑧

① $\frac{3}{8}+\frac{1}{6}+\frac{2}{3}$

② $\frac{1}{2}+\frac{2}{5}-\frac{4}{15}$

③ $\frac{11}{12}-\frac{5}{9}-\frac{1}{4}$

⚠ まちがい注意

5 $\frac{13}{15}$ m の赤のリボンと、$\frac{11}{12}$ m の青のリボンがあります。どちらがどれだけ長いですか。

教科書 12 ページ⑤

式

答え（　　　　　　　　　　　　　　）

🐶 ヒント　　④ 3 つの分母の最小公倍数を求めて、通分するとよいです。
　　　　　　⑤ どちらのリボンが長いか確かめてから式をつくります。

65

⑩ 分数のたし算とひき算

② いろいろな分数のたし算、ひき算

教科書 下 13〜14 ページ　答え 26 ページ

✎ 次の ☐ にあてはまる数を書きましょう。

 **めあて** 分母のちがう帯分数のたし算やひき算ができるようにしよう。　練習 ➊→

分母のちがう帯分数のたし算やひき算のしかたは、次の 2 通りがあります。
⑦帯分数のまま通分します。
①帯分数を仮分数になおしてから通分します。

1 $1\frac{1}{5}+1\frac{3}{4}$ を計算しましょう。

解き方 ●⑦の方法

$$1\frac{1}{5}+1\frac{3}{4}=1\frac{4}{20}+1\frac{\boxed{②}}{\boxed{①}}$$

$$=\boxed{③}\frac{\boxed{④}}{20}$$

 $1+1$ と $\frac{1}{5}+\frac{3}{4}$ の計算をすればいいね。

●①の方法

$$1\frac{1}{5}+1\frac{3}{4}=\frac{\boxed{⑤}}{5}+\frac{\boxed{⑥}}{4}$$

$$=\frac{\boxed{⑦}}{20}+\frac{\boxed{⑧}}{20}$$

$$=\frac{\boxed{⑨}}{20}$$

 **めあて** 分数と小数のまじった計算ができるようにしよう。　練習 ➋ ➌ ➍→

★分数と小数のまじった計算は、どちらかにそろえて計算します。
★分数を小数で表せないときは、分数にそろえて計算します。

2 次の計算をしましょう。

(1) $\frac{1}{2}+0.4$

(2) $\frac{1}{3}-0.25$

解き方 (1) 小数を分数で表して計算すると、

$$\frac{1}{2}+0.4=\frac{1}{2}+\frac{2}{\boxed{①}}$$

$$=\frac{5}{\boxed{②}}+\frac{\boxed{③}}{\boxed{④}}=\frac{\boxed{⑤}}{\boxed{⑥}}$$

(1) 分数を小数で表して計算すると、

$$\frac{1}{2}+0.4=\boxed{⑦}+\boxed{⑧}$$

$$=\boxed{⑨}$$

 $\frac{1}{2}=1\div2$ だね。

(2) $\frac{1}{3}=0.333\cdots$ とわりきれないので、小数を分数で表して計算します。

$$\frac{1}{3}-0.25=\frac{1}{3}-\frac{1}{\boxed{⑩}}=\frac{4}{\boxed{⑪}}-\frac{\boxed{⑫}}{\boxed{⑬}}=\frac{\boxed{⑭}}{\boxed{⑮}}$$

練習

教科書　下 13〜14 ページ　　答え　26 ページ

1 次の計算をしましょう。

教科書　13 ページ **1**・①・②

① $1\frac{1}{2}+2\frac{2}{5}$

② $3\frac{3}{8}+1\frac{1}{4}$

③ $1\frac{2}{15}+\frac{7}{10}$

④ $3\frac{3}{7}-1\frac{1}{4}$

⑤ $2\frac{5}{6}-1\frac{2}{15}$

⑥ $1\frac{11}{12}-\frac{2}{3}$

2 次の計算をしましょう。

教科書　14 ページ **2**・③

① $\frac{3}{4}+0.6$

② $0.25+\frac{2}{5}$

③ $\frac{7}{10}+0.15$

④ $0.9-\frac{1}{4}$

⑤ $\frac{7}{8}-0.75$

⑥ $1.2-\frac{1}{2}$

3 次の計算をしましょう。

教科書　14 ページ ③

① $\frac{3}{7}+0.4$

② $0.75+\frac{4}{9}$

③ $\frac{7}{6}-0.5$

4 オレンジジュースが 1.5 L、りんごジュースが $\frac{1}{3}$ L あります。ジュースはあわせて何 L あ
りますか。

教科書　14 ページ ③

式

答え （　　　　　　　）

ヒント　❸ 分数を小数で表せないので、分数にそろえて計算します。

10 分数のたし算とひき算

③ 時間と分数

教科書　下15ページ　答え　27ページ

✏ 次の◻にあてはまる数を書きましょう。

◎めあて　分数を使って時間を表すことができるようにしよう。

練習 1 2 3 →

1時間や1分を　等分した◻こ分になるかを考えると、分数を使って、分を時間で、秒を分で表すことができます。

（例）50分は、1時間を6等分した10分の5こ分だから、50分 = $\frac{5}{6}$ 時間

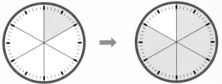

1 ◻にあてはまる分数はいくつですか。

(1) 25分＝◻時間　　　　(2) 18秒＝◻分

解き方 (1) 1時間（60分）を12等分した1こ分は① ◻ 分だから、

分数で表すと、5分 = $\frac{②}{③}$ 時間

25分は、1時間を④ ◻ 等分した⑤ ◻ こ分だから、

分数で表すと、25分 = $\frac{⑥}{⑦}$ 時間

1時間を60等分した25こ分と考えると、$\frac{25}{60}$ 時間と表せるね。2つの分数は、大きさが等しいよ。

(2) 1分（60秒）を10等分した1こ分は⑧ ◻ 秒だから、

分数で表すと、6秒 = $\frac{⑨}{⑩}$ 分

18秒は、1分を⑪ ◻ 等分した⑫ ◻ こ分だから、

分数で表すと、18秒 = $\frac{⑬}{⑭}$ 分

1分を60等分した18こ分と考えると、$\frac{18}{60}$ 分と表せるね。

ぴったり 2
練 習

★ できた問題には、「た」をかこう！★

でき ① でき ② でき ③

学習日
月　　　日

教科書　下 15 ページ　　答え　27 ページ

1 □にあてはまる分数を書きましょう。

教科書　15 ページ **1**

① 10 分＝□□ 時間

② 3 分＝□□ 時間

③ 16 分＝□□ 時間

④ 55 分＝□□ 時間

⑤ 75 分＝□□ 時間

⑥ 140 分＝□□ 時間

2 □にあてはまる分数を書きましょう。

教科書　15 ページ **1**

① 12 秒＝□□ 分

② 15 秒＝□□ 分

③ 9 秒＝□□ 分

④ 35 秒＝□□ 分

⑤ 80 秒＝□□ 分

⑥ 90 秒＝□□ 分

3 Ａ駅から図書館までは歩いて 26 分かかり、Ａ駅から美術館までは歩いて $\frac{3}{5}$ 時間かかります。

教科書　15 ページ **1**

① Ａ駅から図書館までは、歩いて何時間かかりますか。
答えは分数で表しましょう。

（　　　　　　　）

② Ａ駅から近いのはどちらですか。

（　　　　　　　）

⑩ 分数のたし算と ひき算

教科書 下2〜17ページ　答え 27ページ

知識・技能 　／80点

1 □にあてはまる数を書きましょう。　各2点(8点)

① $\dfrac{2}{5} = \dfrac{\boxed{}}{15} = \dfrac{10}{\boxed{}}$

② $\dfrac{12}{27} = \dfrac{4}{\boxed{}} = \dfrac{\boxed{}}{54}$

2 次の分数を約分しましょう。　各3点(9点)

① $\dfrac{15}{18}$

② $\dfrac{20}{8}$

③ $1\dfrac{12}{30}$

(　　　　)　　　　(　　　　)　　　　(　　　　)

3 □にあてはまる等号や不等号を書きましょう。　各3点(9点)

① $\dfrac{5}{9}\ \boxed{}\ \dfrac{7}{12}$

② $2\dfrac{2}{3}\ \boxed{}\ 2\dfrac{12}{18}$

③ $1\dfrac{5}{6}\ \boxed{}\ 1.8$

4 (　)の中の分数を通分しましょう。　各3点(6点)

① $\left(\dfrac{6}{5}、\ \dfrac{8}{15}\right)$

② $\left(\dfrac{1}{4}、\ \dfrac{5}{6}、\ \dfrac{3}{8}\right)$

(　　　　)　　　　(　　　　)

5 □にあてはまる分数を書きましょう。　各4点(8点)

① 48分 = $\boxed{}$ 時間

② 70秒 = $\boxed{}$ 分

6 よく出る 次の計算をしましょう。　　　　　　　　　　　　　　　各4点(12点)

① $\dfrac{5}{6}+\dfrac{1}{15}$　　　　　② $2\dfrac{1}{4}+1\dfrac{1}{5}$　　　　　③ $1\dfrac{1}{2}+2\dfrac{2}{3}$

7 よく出る 次の計算をしましょう。　　　　　　　　　　　　　　　各4点(12点)

① $\dfrac{5}{7}-\dfrac{8}{21}$　　　　　② $\dfrac{9}{8}-\dfrac{7}{10}$　　　　　③ $2\dfrac{5}{6}-1\dfrac{2}{5}$

8 次の計算をしましょう。　　　　　　　　　　　　　　　　　　　各4点(8点)

① $\dfrac{1}{2}+\dfrac{5}{6}-\dfrac{7}{8}$　　　　　　　　② $\dfrac{10}{9}-\dfrac{3}{4}-\dfrac{1}{6}$

9 次の計算をしましょう。　　　　　　　　　　　　　　　　　　　各4点(8点)

① $\dfrac{5}{8}+0.75$　　　　　　　　② $0.8-\dfrac{7}{9}$

思考・判断・表現　　　　　　　　　　　　　　　　　　　　　　／20点

10 ゆうきさんは、牛にゅうを $\dfrac{5}{18}$ L 飲みました。牛にゅうは、まだ $\dfrac{7}{12}$ L 残っています。

牛にゅうは、はじめ何 L ありましたか。　　　　　　　　　　式・答え 各5点(10点)

式

答え （　　　　　　　　　　）

できたらスゴイ！

11　右の 3 つの分数の和が 1 になるように、ア と イ にあてはまる数の
組を全部求めましょう。ただし、3 つの分数はどれも約分できない分
数とします。　　　　　　　　　　　　　　　　　　　全部できて(10点)

$$\dfrac{ア}{12}\qquad\dfrac{1}{イ}\qquad\dfrac{1}{4}$$

（　　　　　　　　　　　　　　　　）

ふりかえり　　❶ がわからないときは、62 ページの 2 にもどって確にんしてみよう。

付録の「計算せんもんドリル」18〜32 もやってみよう！

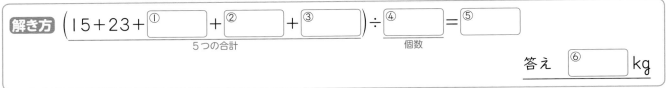

⑪ 平均

- ① 平均と求め方
- ② 平均の利用

✏ 次の ◯ にあてはまる数を書きましょう。

🎯めあて **平均の意味を理解し、平均を求められるようにしよう。**　練習 ❶ ❸ →

⭐ いくつかの数量を、等しい大きさになるようにならしたものを、**平均**といいます。
⭐ 平均を求める式は、**平均＝合計÷個数**

1 次の重さの平均を求めましょう。

15 kg、23 kg、18 kg、26 kg、13 kg

解き方 $\left(15+23+\boxed{①}+\boxed{②}+\boxed{③}\right)\div\underset{\text{個数}}{\boxed{④}}=\boxed{⑤}$

5つの合計

答え $\boxed{⑥}$ kg

🎯めあて **平均を使って、全体の量や個数を予想することができるようにしよう。**　練習 ❷ →

平均を使うと、全体の量や個数を予想することができます。

2 先週に1日平均 125 mL ずつ野菜ジュースを飲みました。同じように飲むとします。

(1) 1か月間（30日）では何 mL 飲むことになりますか。

(2) 2000 mL 飲むには何日間かかりますか。

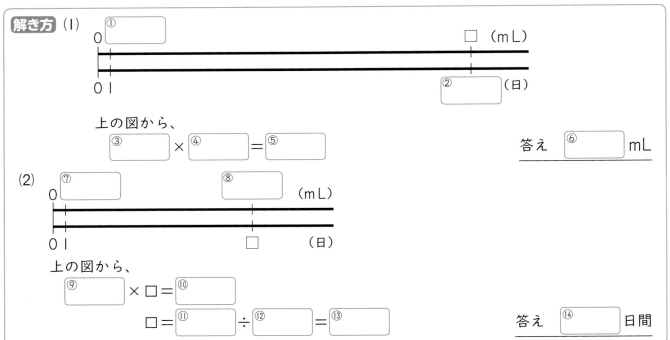

解き方 (1)

0　$\boxed{①}$　　　　　　　　　□ （mL）

0 1　　　　　　　　　　$\boxed{②}$ （日）

上の図から、

$\boxed{③}\times\boxed{④}=\boxed{⑤}$

答え $\boxed{⑥}$ mL

(2)

0　$\boxed{⑦}$　　　　$\boxed{⑧}$ （mL）

0 1　　　　　　□　　　（日）

上の図から、

$\boxed{⑨}\times\square=\boxed{⑩}$

$\square=\boxed{⑪}\div\boxed{⑫}=\boxed{⑬}$

答え $\boxed{⑭}$ 日間

🎯めあて **平均を利用して、より正確な大きさを求められるようにしよう。**　練習 ❹ →

⭐ より正確な大きさを知る目的で、データの平均を求めることがあります。
⭐ 目的によっては、ほかと大きくちがう記録をのぞいて平均を求めることがあります。

学習日 　月　　日

教科書 下 18〜24 ページ 　答え 28 ページ

1 下の表は、ゆかりさんの１日の読書時間を１週間調べたものです。１日の読書時間の平均は何分間ですか。

教科書 19ページ **1**

１日の読書時間

曜日	日	月	火	水	木	金	土
読書時間（分）	90	30	40	60	20	50	60

式

答え（　　　　　　　　　）

2 ゆかりさんが、**1**の問題と同じように毎日読書をするとします。

教科書 21ページ **2**

① １か月間では何分間読書をすることになりますか。１か月を30日として求めましょう。

式

答え（　　　　　　　　　）

② 読書時間が1000分間になるには、何日間かかりますか。

式

答え（　　　　　　　　　）

！まちがい注意

3 下の表は、ある学校の5年生で、先週保健室を利用した人数を調べた表です。
この週は、１日に平均何人が保健室を利用しましたか。

教科書 22ページ **④**

保健室を利用した人数

曜日	月	火	水	木	金
人数（人）	8	4	0	5	2

平均を求めようとする数量の中に0がふくまれているときは、0もふくめて平均を求めよう。

式

答え（　　　　　　　　　）

よくみて

4 下の表は、つよしさんの3回のボール投げの記録です。
この表をもとにすると、つよしさんが失敗しないで投げると、何m投げることができると考えられますか。

教科書 24ページ **②**

何回め	失敗 1	2	3
記録	1m2cm	24m16cm	24m14cm

式

答え（　　　　　　　　　）

ヒント
2 **1**で求めた１日の読書時間の平均を１とみて求めます。
3 ふつうは小数で表さないものも、平均は小数で表します。

73

ぴったり3
確かめのテスト

⑪ 平均

時間 30 分

/100

合格 80 点

教科書 下 18〜25 ページ ▶答え 28 ページ

知識・技能 /55点

1 次の重さは、りんごの重さです。 ①は全部できて5点、②式・答え 各5点(15点)

280 g、360 g、320 g、290 g

① 「合計」、「個数」を使って、平均を求める式を書きましょう。

平均＝ [   ] ÷ [   ]

② りんごの重さの平均を求めましょう。

式

答え（   ）

2 よく出る 次の問題に答えましょう。 式・答え 各5点(20点)

① １日に平均何人が図書室を利用しましたか。

式

図書室を利用した人数

曜日	月	火	水	木	金
人数(人)	15	20	12	16	24

答え（   ）

② １日に平均何分間、漢字の練習をしましたか。

式

漢字の練習をした時間

曜日	日	月	火	水	木	金	土
時間(分)	0	16	10	10	12	5	10

答え（   ）

3 みくさんの家では、先月に１日平均 0.4 kg ずつ米を食べました。 式・答え 各5点(20点)

① １年間同じように食べるとすると、１年間では米を何kg 食べることになりますか。１年を365 日として求めましょう。

式

答え（   ）

② 同じように食べるとすると、米 10 kg は何日間で食べ終わりますか。

式

答え（   ）

思考・判断・表現 　　　　　　　　　　　　　　　　　　　　　　　　　　／45点

4 あさひさんたち 4 人が、それぞれ同じボールの直径をはかったら、
下のようになりました。
　　このデータから、ボールの直径は何 cm と考えられますか。　　　式・答え 各5点(10点)
　　20.3 cm、19.8 cm、21.2 cm、20.7 cm

式

　　　　　　　　　　　　　　　　　　　　　　　　　答え （　　　　　　　）

5 下の表はれいさんが、10 歩で歩いた長さを調べた表です。　　　各5点(10点)

何回め	1	2	3
10 歩で歩いた長さ	6 m 50 cm	6 m 48 cm	6 m 49 cm

① 3 回の平均は何 m ですか。

　　　　　　　　　　　　　　　　　　　　　　　　　（　　　　　　　）

② 歩はばは何 m ですか。答えは四捨五入して、上から 2 けたのがい数で求めましょう。

　　　　　　　　　　　　　　　　　　　　　　　　　（　　　　　　　）

できたらスゴイ！

6 右の表は、まさきさんが 20 題ずつ計算問題をしたときの正答数をまとめたものです。　　①式・答え 各5点、②15点(25点)

① 今週の 4 回の正答数の平均を 17 題以上にするには、4 回めは何題以上できればよいですか。

式

　　　　　　　　　　　　　　答え （　　　　　　　）

（単位：題）

先週	今週
15	19
16	15
20	18
	□
平均	平均
17	□

② 今週の 4 回めは 18 題できて、平均は 17.5 題になりました。
　　この 2 週間の平均を求める式は、次の式で正しいですか、正しくないですか。
　　正しくないときは、正しい式も書きましょう。

（17＋17.5）÷2

ふりかえり ❶がわからないときは、72 ページの ❶にもどって確にんしてみよう。

教科書 下 26〜29 ページ　答え 29 ページ

✎ 次の□にあてはまる記号や数、ことばを書きましょう。

めあて こみぐあいを比べられるようになろう。　練習 1 2 →

こみぐあいは、例えば次のような大きさで比べる方法が便利です。
★ならした 1 m² あたりの人数
★ならした 1 人あたりの面積
このように 2 つの量を組み合わせて表した大きさを、「単位量あたりの大きさ」といいます。

1 右の表は、4 つのにわとり小屋の面積と、にわとりの数を表したものです。
　どの小屋がいちばんこんでいますか。

にわとり小屋の面積とにわとりの数

	面積(m²)	にわとりの数(わ)
A エー	12	15
B ビー	12	16
C シー	10	16
D ディー	8	12

解き方 ・A と B は、面積が同じだから、にわとりの数が多い①□□のほうがこんでいます。
・B と C は、にわとりの数が同じだから、面積がせまい②□□のほうがこんでいます。
　A、B、C で、こんでいる順番は、③□□、④□□、⑤□□です。
・C と D のこみぐあいを比べます。

1 m² あたりのにわとりの数は、

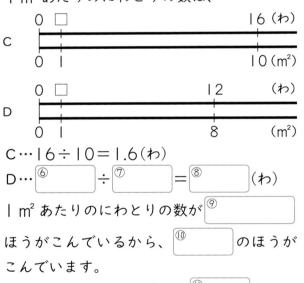

C…16÷10=1.6(わ)
D…⑥□÷⑦□=⑧□(わ)
1 m² あたりのにわとりの数が⑨□□
ほうがこんでいるから、⑩□□のほうが
こんでいます。
　　　答え ⑪□□の小屋

1 わあたりの面積は、

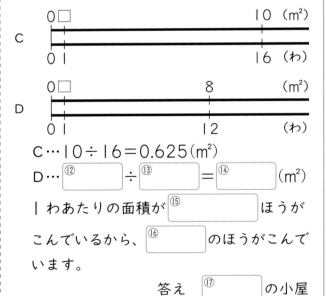

C…10÷16=0.625(m²)
D…⑫□÷⑬□=⑭□(m²)
1 わあたりの面積が⑮□□ほうが
こんでいるから、⑯□□のほうがこんで
います。
　　　答え ⑰□□の小屋

1 m² あたりの数で比べると、
こんでいるほど数が大きくなる
からわかりやすいね。

わりきれないときは、
四捨五入して、上から
2 けたのがい数にしよう。

★ できた問題には、「た」をかこう！★
😊 でき ①　😊 でき ②

教科書 下 26〜29 ページ　答え 29 ページ

1 ちひろさんの学校では、5 年生が学級園にヒヤシンスの球根を植えました。右の表は、1 組と 2 組の球根を植えた面積と、植えた球根の数を表したものです。

教科書 27 ページ **1**

植えた面積と球根の数

	面積（m²）	球根の数（個）
1組	8	82
2組	6	69

① 1 m² あたりの球根の数を、それぞれ求めましょう。

式

答え　1 組（　　　　　）2 組（　　　　　）

② 球根 1 個あたりの面積を、それぞれ求めましょう。
答えは四捨五入して、上から 2 けたのがい数にしましょう。

式

答え　1 組（　　　　　）2 組（　　　　　）

③ 1 組と 2 組の学級園では、どちらがこんでいますか。

（　　　　　）

2 3 つの公園のすな場のこみぐあいを比べます。

教科書 27 ページ **1**

① 右の表は、2 つの公園A、Bのすな場の面積と、遊んでいる子どもの人数を表したものです。
どちらがこんでいるといえますか。

式

すな場の面積と人数

	面積（m²）	人数（人）
A	240	18
B	180	15

答え（　　　　　）

② 公園Aのすな場のこみぐあいと、公園Cのすな場のこみぐあいは同じです。公園Cのすな場には、子どもは何人いますか。

式

すな場の面積と人数

	面積（m²）	人数（人）
C	200	

答え（　　　　　）

🐶 ヒント　❷ ② AとCの公園のすな場の、1 m² あたりの平均の人数は同じになります。

✏ 次の □ にあてはまる数や記号を書きましょう。

◎めあて　人口密度の意味を理解し、求められるようにしよう。　練習 **1** →

単位面積あたりの人口を、「人口密度」といいます。ふつうは 1 km² あたりの人口で表します。

1 　右の表を見て、日本と東京都の人口密度を、
それぞれ求めましょう。

日本と東京都の面積と人口（2021 年）

	面積（km²）	人口（万人）
日本	378000	12665
東京都	2194	1384

[解き方]　1 km² あたりの人口は、

日本… ① [　　] ÷ ② [　　] ＝ 335.0…（人）

東京… ③ [　　] ÷ ④ [　　] ＝ 6308.1…（人）

答え　日本…約 ⑤ [　　] 人、東京…約 ⑥ [　　] 人

人口の単位に気をつけて
計算しよう。
人口密度は四捨五入して、
上から 2 けたのがい数で
表そう。

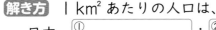

◎めあて　単位量あたりの大きさで比べられるようにしよう。　練習 **2 3 4** →

作物のとれぐあいやねだんなどは、単位量あたりの大きさを使って比べることができます。

2 　右の表は、2 つの畑 A、B の面積と、とれた大根の
重さを表したものです。
　よく大根がとれたといえるのは、A、B のどちらの
畑ですか。

畑の面積ととれた大根の重さ

	面積（a）	とれた重さ（kg）
A	5	130
B	3	98

[解き方]　1 a あたりのとれた大根の重さで比べます。

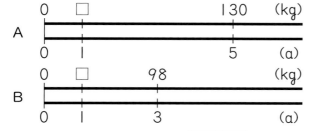

□×5＝130
□＝ ① [　　] ÷ ② [　　] ＝ ③ [　　]（kg）

□×3＝98
□＝ ④ [　　] ÷ ⑤ [　　] ＝ ⑥ [　　]（kg）

1 a あたりの重さが重い ⑦ [　　] のほうが、よく大根がとれたといえます。

答え　⑧ [　　] の畑

教科書　下30〜31ページ　答え　30ページ

1 右の表は、大阪府の面積と人口を表しています。
人口密度を、四捨五入して、上から2けたの
がい数で求めましょう。　教科書　30ページ **1**

大阪府の面積と人口（2021年）

	面積（km²）	人口（万人）
大阪府	1905	884

式

答え（　　　　　　　　　　）

2 右の表は、同じ種類のさつまいもをつくる2つ
の畑A、Bの面積と、とれたさつまいもの重さを表
したものです。　教科書　31ページ **2**

① 1m²あたりにとれたさつまいもの重さを、それ
ぞれ求めましょう。

式

畑の面積ととれたさつまいもの重さ

	面積（m²）	とれた重さ（kg）
A	400	960
B	360	900

答え　A（　　　　　　　　　　）

B（　　　　　　　　　　）

② よくさつまいもがとれたといえるのは、A、Bのどちらの畑ですか。

（　　　　　　　　　　）

3 10さつで1460円のノートAと、3さつで480円のノートBでは、1さつあたりのねだ
んはどちらが高いですか。　教科書　31ページ **2**

式

答え（　　　　　　　　　　）

4 ガソリン40Lで384kmを走れる自動車Aと、ガソリン25Lで230kmを走れる自動
車Bがあります。　教科書　31ページ **2**

① ガソリン1Lあたりの走れる道のりが長いのは、A、Bのどちらの自動車ですか。

式

答え（　　　　　　　　　　）

よくよんで

② ①で答えた自動車で168km走るとき、ガソリンは何L使いますか。

式

答え（　　　　　　　　　　）

教科書　下 32〜36 ページ　答え　30 ページ

✎ 次の □ にあてはまる数や記号を書きましょう。

🎯 めあて　**速さの比べ方を理解しよう。**　練習 ❶ ❷ →

速さを比べるときには、ならした
　⭐ 1秒間あたりに走ったきょり　　⭐ 1m あたりにかかった時間
などの単位量あたりの大きさを使う方法が便利です。

1 　右の表は、Aさんと Bさんがかかった時間と、走ったきょりを表しています。
　Aさんと Bさんでは、どちらが速いでしょうか。

かかった時間と走ったきょり

	時間(秒)	きょり(m)
Aさん	10	60
Bさん	16	100

[解き方]　単位量あたりの大きさを考えます。
・1秒間あたりに走ったきょりで比べます。
　Aさん… $60 \div 10 = 6$ (m)
　Bさん… ① □ ÷ ② □ = ③ □ (m)
・1m あたりにかかった時間で比べます。
　Aさん… $10 \div 60 = 0.166\cdots$ (秒)
　Bさん… ④ □ ÷ ⑤ □ = ⑥ □ (秒)

答え ⑦ □ さんのほうが速い。

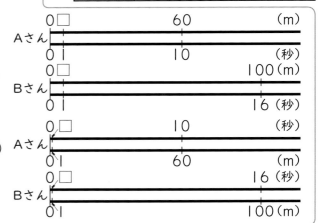

🎯 めあて　**速さを求められるようにしよう。**　練習 ❷ ❸ ❹ →

⭐速さは、単位時間あたりに進む道のりで表します。　　**速さ＝道のり÷時間**
⭐どの単位時間を使うのかによって、いろいろな表し方があります。
　時速……1時間あたりに進む道のりで表した速さ
　分速……1分間あたりに進む道のりで表した速さ
　秒速……1秒間あたりに進む道のりで表した速さ

2 　2時間で 144 km 進む列車の時速を求めましょう。また、分速と秒速を求めましょう。

[解き方]　時間を表す単位に注意しましょう。
　時速は、道のり÷時間(時間)で求めます。2時間で、144 km 進むから、
　① □ ÷ ② □ = ③ □ (km)　　　　　答え　時速 ④ □ km
　分速は、道のり÷時間(分)で求めます。1時間＝60分で、72 km 進むから、
　⑤ □ ÷ ⑥ □ = ⑦ □ (km)　　　　　答え　分速 ⑧ □ km
　秒速は、道のり÷時間(秒)で求めます。1分＝60秒で、1.2 km＝1200 m 進むから、
　⑨ □ ÷ ⑩ □ = ⑪ □ (m)　　　　　答え　秒速 ⑫ □ m

教科書　下 32〜36 ページ　答え　30 ページ

1 右の表は、AさんとBさんが自転車でかかった時間と走った道のりを表したものです。

教科書 **33ページ 1**

① AさんとBさんは、1分間あたりにそれぞれ何 m 走りましたか。

Aさん（　　　　　　　）　Bさん（　　　　　　　）

かかった時間と走った道のり

	時間（分）	道のり（m）
Aさん	12	3000
Bさん	7	2310

② AさんとBさんでは、どちらが速いですか。

（　　　　　　　）

2 2 時間に 360 km 進む特急列車Aと、3 時間に 522 km 進む特急列車Bがあります。

教科書 **35ページ 2**

① 特急列車Aと特急列車Bは、それぞれ時速何 km ですか。
また、それぞれ分速何 km ですか。

特急列車A　時速（　　　　　　　）　分速（　　　　　　　）

特急列車B　時速（　　　　　　　）　分速（　　　　　　　）

② 特急列車Aと特急列車Bでは、どちらが速いですか。

（　　　　　　　）

3 次の速さを求めましょう。

教科書 **36ページ ⚠**

① 118 km の道のりを 2 時間で走る自動車の速さは時速何 km ですか。

（　　　　　　　）

② 3600 m を 20 分間で走る自転車の速さは分速何 m ですか。

（　　　　　　　）

③ 300 m を 25 秒間で走る自動車の速さは秒速何 m ですか。

（　　　　　　　）

4 3 時間で 108 km 進むシロナガスクジラの時速を求めましょう。
また、分速と秒速も求めましょう。

教科書 **36ページ ⚠**

時速（　　　　　　　）　分速（　　　　　　　）　秒速（　　　　　　　）

ヒント **2** **4** 1 時間＝60 分、1 分＝60 秒を使って、時速から分速、分速から秒速を求めます。

12 単位量あたりの大きさ

③ 速さ－2

教科書 下 37〜38 ページ　答え 31 ページ

✏ 次の◯◯にあてはまる数を書きましょう。

◎めあて **速さと時間から、道のりを求められるようにしよう。**　練習 ① ②➡

道のりは、次の公式で求められます。　　**道のり＝速さ×時間**

1 そうたさんは分速 60 m で歩きます。4 分で何 m 進みますか。

解き方 道のりは、速さ×時間で求めます。

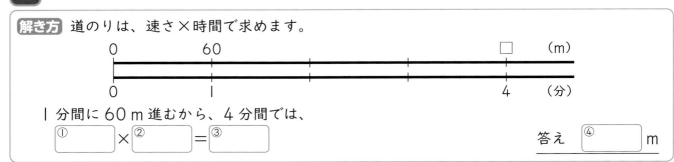

1 分間に 60 m 進むから、4 分間では、

① ◯◯ × ② ◯◯ ＝ ③ ◯◯　　　　答え ④ ◯◯ m

◎めあて **速さと道のりから、時間を求められるようにしよう。**　練習 ③ ④➡

かかる時間を求めるには、かかる時間を□として、道のりを求めるかけ算の式に表して、□にあてはまる数を求めます。

2 さくらさんは分速 50 m で歩きます。800 m 歩くのにかかる時間は何分ですか。

解き方

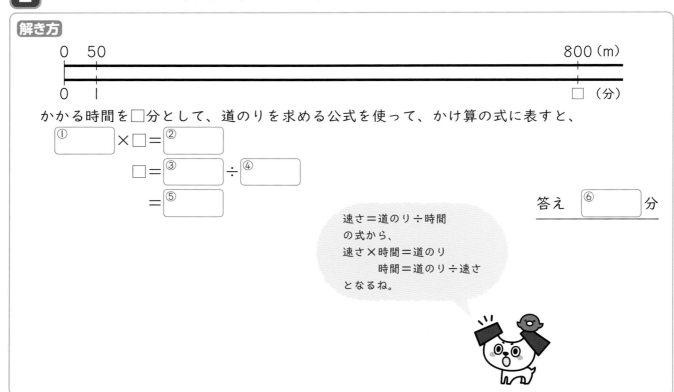

かかる時間を□分として、道のりを求める公式を使って、かけ算の式に表すと、

① ◯◯ × □ ＝ ② ◯◯

□ ＝ ③ ◯◯ ÷ ④ ◯◯

＝ ⑤ ◯◯　　　　　答え ⑥ ◯◯ 分

速さ＝道のり÷時間
の式から、
速さ×時間＝道のり
　　時間＝道のり÷速さ
となるね。

ぴったり2

練習

★できた問題には、「た」をかこう！★

1 でき　2 でき　3 でき　4 でき

学習日　月　日

教科書 下37～38ページ　答え 31ページ

1 次の道のりを求めましょう。 教科書 37ページ 3

① 時速 45 km で走る自動車が、3 時間で走る道のりは何 km ですか。

(　　　)

② 分速 70 m で歩く人が、15 分で歩く道のりは何 m ですか。

(　　　)

③ 秒速 18 m で走る電車が、45 秒で進む道のりは何 m ですか。

(　　　)

よくよんで

2 分速 750 m で飛ぶカモメは、8 分間で何 km 進みますか。 教科書 37ページ △2

(　　　)

3 次の時間を求めましょう。 教科書 38ページ 4

① 時速 65 km の自動車が、390 km 進むのにかかる時間は何時間ですか。

(　　　)

② 分速 900 m で走るバイクが、2700 m 進むのにかかる時間は何分ですか。

(　　　)

③ 秒速 25 m で走る電車が、2100 m 進むのにかかる時間は何秒ですか。

(　　　)

よくよんで

4 分速 55 m で歩く人が、2.2 km 歩くのにかかる時間は何分ですか。 教科書 38ページ △3

(　　　)

ヒント

2 m で出した答えを、km になおします。

4 道のりの単位を、速さで使っている単位 m になおします。

⓬ 単位量あたりの大きさ

時間 30分
　　　　／100
合格 80点

📖教科書 下 26〜41 ページ　　🔲答え　32 ページ

知識・技能　　　　　　　　　　　　　　　　　　　　　　／60点

❶ よく出る 右の表は、Ａ、Ｂ ２つの部屋の面積と、その
部屋にいる人数を表したものです。　②式・答え 各5点(15点)

① こみぐあいを比べるとき、こんでいるほど数が大きくなる
のは、㋐、㋑のどちらの比べ方ですか。記号で答えましょう。
　㋐　１㎡ あたりの人数で比べる。
　㋑　１人あたりの面積で比べる。

部屋の面積と人数

	面積(㎡)	人数(人)
A	20	8
B	48	20

（　　　　　　　）

② ＡとＢの部屋では、どちらがこんでいますか。

式

答え（　　　　　　　）

❷ 右の表は、ＡさんとＢさんが歩いた道のりとかかった
時間を表しています。　①③全部できて 1問5点(15点)

① ＡさんとＢさんは、１分間あたりにそれぞれ何 m 歩き
ましたか。

歩いた道のりとかかった時間

	道のり(m)	時間(分)
Aさん	360	5
Bさん	600	8

　Ａさん（　　　　　　　）　　Ｂさん（　　　　　　　）

② ＡさんとＢさんでは、どちらが速いですか。

（　　　　　　　）

③ 「時間」、「道のり」を使って、速さを求める式を書きましょう。

　速さ＝□□□□□□÷□□□□□□

❸ □にあてはまることばを書きましょう。　各2点(6点)

① １時間あたりに進む道のりで表した速さは□□□□□です。

② １分間あたりに進む道のりで表した速さは□□□□□です。

③ １秒間あたりに進む道のりで表した速さは□□□□□です。

❹ Ａ、Ｂ ２つのコピー機があります。Ａのコピー機は１時間に 720 まい、Ｂのコピー機は
8 分間に 100 まいコピーすることができます。

　コピーする速さを比べるには、何を求めればよいですか。　　(4点)

（　　　　　　　）

5 よく出る 秒速 30 m で走るチーターは、8 秒間に何 m 進みますか。　式・答え 各5点(10点)

式

答え（　　　　　　　　　）

6 300 km の道のりを、時速 75 km の自動車で走ると、何時間かかりますか。

式・答え 各5点(10点)

式

答え（　　　　　　　　　）

思考・判断・表現　　　　　　　　　　　　　　　　　　　　　　／40点

7 右の表を見て、A 市の人口密度を求めましょう。答えは四捨五入して、上から 2 けたのがい数で表しましょう。

式・答え 各5点(10点)

式

A市の面積と人口（2021 年）

面積（km²）	人口（万人）
828	146

答え（　　　　　　　　）

8 よく出る 右の表は、同じ種類の小麦をつくる 2 つの畑 A、B の面積と、とれた小麦の重さを表したものです。よく小麦がとれたといえるのは、A、B のどちらの畑ですか。

式・答え 各5点(10点)

式

畑の面積ととれた小麦の重さ

	面積（a）	とれた重さ（kg）
A	25	770
B	18	567

答え（　　　　　　　）

できたらスゴイ！

9 4 両編成の列車が 240 m の鉄橋を通過するのに、16 秒かかりました。この列車の 1 両の長さは 20 m です。

②式・答え 各5点(15点)

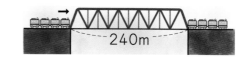
240m

① 鉄橋を通過する間に、列車は何 m 走っていますか。

（　　　　　　　　　）

② この列車の時速を求めましょう。

式

答え（　　　　　　　　）

10 鳥が、秒速 12 m の速さで 3 分間飛んだときの道のりが何 m か求めます。速さを分速にして求めている式はどちらですか。記号で答えましょう。

(5点)

⑦　12×(60×3)　　　　　　④　(12×60)×3

（　　　　　　　　　）

ふりかえり　❶がわからないときは、76 ページの❶にもどって確にんしてみよう。

ぴったり **1**
準備
3分でまとめ

13 四角形と三角形の面積

① **平行四辺形の面積の求め方**

学習日　　月　　日

教科書　下 42〜48 ページ　　答え　33 ページ

✏ 次の ⬚ にあてはまる数を書きましょう。

🎯めあて **平行四辺形の面積の求め方を理解しよう。**　　練習 **①**→

平行四辺形の面積は、長方形に形を
変えると求められます。

1 右の平行四辺形の面積の求め方を説明しましょう。

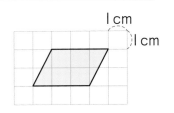

解き方 ⓐの直角三角形を動かして、
たて ⬚ cm、横 ⬚ cm の長方形に
変えると、平行四辺形の面積は、

⬚ × ⬚ = ⬚ (cm²)

🎯めあて **平行四辺形の面積を求められるようにしよう。**　　練習 **②**→

★右の図のように**底辺**に垂直な直線の長さを**高さ**といいます。

★平行四辺形の面積は、次の公式で求められます。

平行四辺形の面積＝底辺×高さ

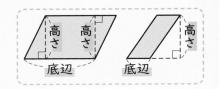

2 次の平行四辺形の面積を求めましょう。

(1)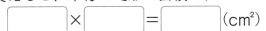
6cm
5cm

(2)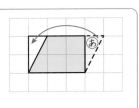
3cm　6cm
5cm

(3)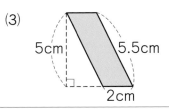
5cm　5.5cm
2cm

解き方 (1) 底辺は ⬚ cm、高さは ⬚ cm だから、

⬚ × ⬚ = ⬚ (cm²)

(2) 底辺を ⬚ cm としたときの高さは ⬚ cm だから、

⬚ × ⬚ = ⬚ (cm²)

(3) 底辺を ⬚ cm としたときの高さは ⬚ cm だから、

⬚ × ⬚ = ⬚ (cm²)

(3)
三角形を動かせば
高さが図形の中にある
平行四辺形になるね。

🎯めあて **平行な2本の直線にはさまれた平行四辺形の高さを理解しよう。**　　練習 **③ ④**→

底辺の長さが等しく、高さも
等しい平行四辺形は、面積も
等しくなります。

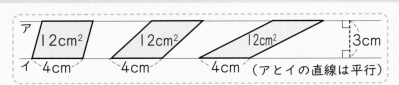
ア
12cm²　12cm²　12cm²　3cm
イ 4cm　4cm　4cm　（アとイの直線は平行）

ぴったり2
練習

★できた問題には、「た」をかこう！★
でき ① でき ② でき ③ でき ④

学習日　　月　　日

教科書　下42〜48ページ　答え　33ページ

1 右の平行四辺形の面積を、長方形に形を変えて求めます。

教科書　43ページ**1**、46ページ**3**

① この平行四辺形は、たてと横の長さがそれぞれ何cmの長方形の面積と等しいですか。

たて（　　　　　）　横（　　　　　）

② 平行四辺形の面積は何cm²ですか。（　　　　　）

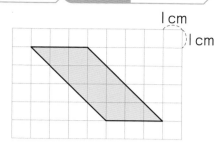

2 次の平行四辺形の面積を求めましょう。

教科書　45ページ**2**、46ページ**3**

① 3cm 3cm（　　　　　）

② 6cm 10cm 8cm（　　　　　）

③ 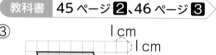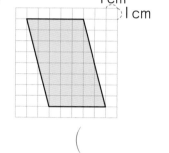（　　　　　）

④ 7.5cm 6cm 4cm（　　　　　）

⑤ よくみて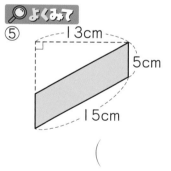
13cm 5cm 15cm（　　　　　）

⑥ 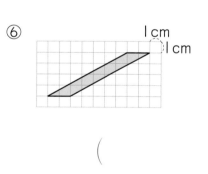（　　　　　）

3 下の平行四辺形㋕、㋖、㋗の面積は等しくなっています。その理由を説明しましょう。

教科書　48ページ③

ア
㋕　㋖　㋗
4.5cm
イ（アとイの直線は平行）　2cm　2cm　2cm

（　　　　　　　　　　　　　　　　　　）

4 右のサとシの直線は平行です。㋙の平行四辺形の面積は何cm²ですか。

教科書　48ページ③

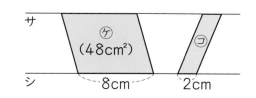

サ　㋘（48cm²）　㋙
シ　8cm　2cm

（　　　　　）

ヒント ④ サとシの直線が平行だから、2つの平行四辺形の高さは等しくなります。

✏️次の☐にあてはまる数を書きましょう。

🎯めあて　三角形の面積と求め方を理解しよう。　　練習 ①➡

三角形の面積は、長方形や平行四辺形に形を変えると求められます。

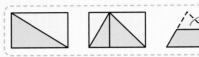

1 右の三角形の面積の求め方を説明しましょう。

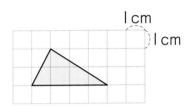

I cm
I cm

解き方 三角形を 2 つ合わせると、
底辺の長さが ☐ cm、高さが ☐ cm
の平行四辺形になるから、三角形の面積は、
☐ × ☐ ÷ 2 = ☐（cm²）

平行四辺形や長方形への形の変え方は、ほかにもあるよ。

🎯めあて　三角形の面積を求められるようにしよう。　　練習 ②③④➡

三角形の面積は、次の公式で求められます。
三角形の面積＝底辺×高さ÷2

高さ　高さ
底辺　底辺

2 次の三角形の面積を求めましょう。

(1)

4cm
5cm

(2)
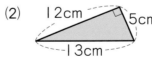
12cm
5cm
13cm

(3)
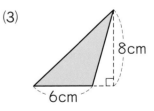
8cm
6cm

解き方 (1)　底辺の長さは ☐ cm、高さは ☐ cm だから、

☐ × ☐ ÷ 2 = ☐（cm²）

(2)　底辺を 5 cm としたときの高さは ☐ cm だから、

☐ × ☐ ÷ ☐ = ☐（cm²）

(3)　底辺の長さは ☐ cm、高さは ☐ cm だから、

☐ × ☐ ÷ ☐ = ☐（cm²）

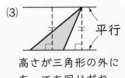
(3)
平行
高さが三角形の外にあっても同じだね。

★ できた問題には、「た」をかこう！★
でき ① でき ② でき ③ でき ④

学習日　　　月　　　日

教科書　下 49〜54 ページ　　答え　33 ページ

1 右の三角形の面積を、平行四辺形をつくって求めます。

教科書　49 ページ **1**、52 ページ **3**

① この三角形は、底辺の長さと高さがそれぞれ何cmの平行四辺形の面積を半分にしたものですか。

底辺（　　　　　　）　高さ（　　　　　　）

② 三角形の面積は何 cm² ですか。　（　　　　　　）

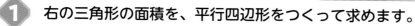

1cm
1cm

2 次の三角形の面積を求めましょう。

教科書　51 ページ **2**、52 ページ **3**

①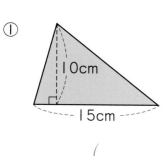

10cm
15cm

（　　　　　　）

② よくみて

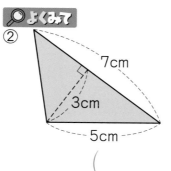

7cm
3cm
5cm

（　　　　　　）

③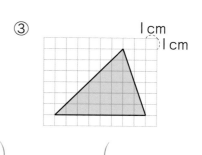

1cm
1cm

（　　　　　　）

④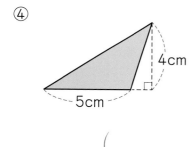

4cm
5cm

（　　　　　　）

⑤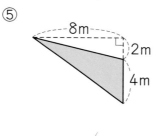

8m
2m
4m

（　　　　　　）

⑥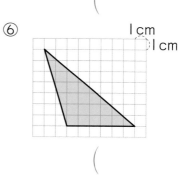

1cm
1cm

（　　　　　　）

3 下の三角形㋕、㋖、㋗の面積は等しくなっています。その理由を説明しましょう。

教科書　54 ページ **3**

ア

㋕　　㋖　　㋗

5.5cm

イ（アとイの直線は平行）　3cm　3cm　3cm

（　　　　　　　　　　　　　）

4 右のサとシの直線は平行です。㋙の三角形の面積は何 cm² ですか。

教科書　54 ページ **3**

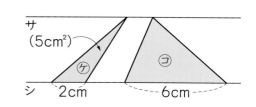

サ
（5cm²）
㋘
㋙
シ　2cm　6cm

（　　　　　　）

ヒント　❹ サとシの直線が平行だから、2 つの三角形の高さは等しくなります。

89

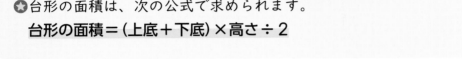

⑬ 四角形と三角形の面積
(いろいろな四角形の面積の求め方)

📖 教科書　下 55～59 ページ　　➡️ 答え　34 ページ

✏️ 次の　　にあてはまる数を書きましょう。

◎めあて 台形の面積を求められるようにしよう。

練習 ❶ ❷ ➡

★台形の平行な 2 つの辺を **上底**、**下底** といいます。

右の図のように、上底と下底に垂直な直線の長さを **高さ** といいます。

★台形の面積は、次の公式で求められます。

台形の面積＝(上底＋下底)×高さ÷2

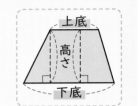

1 右の台形の面積を求めましょう。

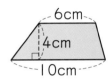

解き方 上底の長さは 6 cm、下底の長さは ①[　　] cm、

高さは ②[　　] cm だから、台形の面積は、

(③[　　] + ④[　　]) × ⑤[　　] ÷2

= ⑥[　　] (cm²)

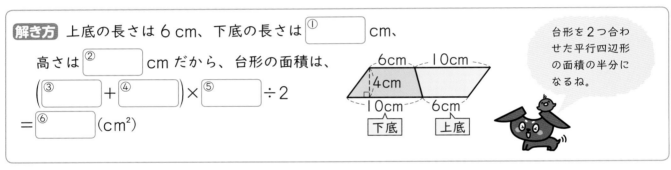

台形を 2 つ合わせた平行四辺形の面積の半分になるね。

◎めあて ひし形の面積を求められるようにしよう。

練習 ❸ ❹ ➡

ひし形の面積は、2 本の対角線の長さを使って、次の公式で求められます。

ひし形の面積＝一方の対角線×もう一方の対角線÷2

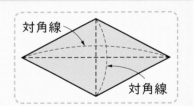

2 右のひし形の面積を求めましょう。

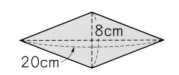

解き方 2 本の対角線の長さは、8 cm と ①[　　] cm だから、

ひし形の面積は、

②[　　] × ③[　　] ÷ ④[　　]

= ⑤[　　] (cm²)

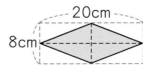

たてと横が、2 本の対角線の長さと等しい長方形の面積の半分になるね。

ぴったり **2**
練習

★ できた問題には、「た」をかこう！★
でき ① でき ② でき ③ でき ④

学習日　　月　　日

📖 教科書　下55〜59ページ　　🔢 答え　34ページ

1 右の台形の面積を、平行四辺形をつくって
求めます。　教科書 55ページ **1**

① この台形は、底辺の長さと高さがそれぞれ
何 cm の平行四辺形の面積を半分にしたもの
ですか。

底辺 (　　　　　) 高さ (　　　　　)

② 台形の面積は何 cm² ですか。

(　　　　　　　)

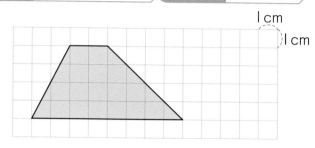

2 次の台形の面積を求めましょう。　　教科書 57ページ ⚠️

① 🔍 **よくみて**　③

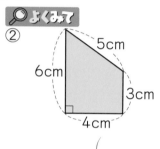
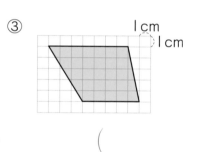

(　　　) (　　　) (　　　)

3 右の四角形の面積を、ひし形と同じように長方形をつくっ
て求めます。　教科書 58ページ **2**

① この四角形は、たてと横の長さがそれぞれ何 cm の長方形
の面積を半分にしたものですか。

たて (　　　　) 横 (　　　　)

② 四角形の面積は何 cm² ですか。

(　　　　　　　)

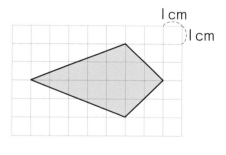

4 次の図形の面積を求めましょう。　　教科書 58ページ **2**

① ② ③

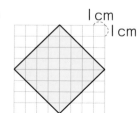
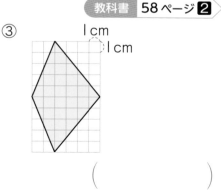

(　　　) (　　　) (　　　)

🔴 **ヒント**　**2** 上底と下底は平行な辺で、高さは上底や下底に垂直です。
4 2本の対角線が垂直な四角形は、ひし形と同じように考えられます。

教科書 下60ページ　答え 34ページ

✏ 次の▭にあてはまる数や記号、ことばを書きましょう。

🎯 めあて 三角形の高さと面積の関係を理解しよう。　練習 ① ②→

　底辺の長さが決まっている三角形で、高さが2倍、3倍、…になると、それにともなって面積も2倍、3倍、…になるので、面積は高さに比例します。

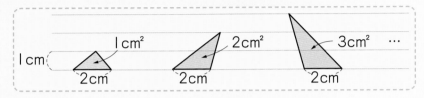

1 三角形の底辺の長さを6cmと決めて、高さを1cm、2cm、3cm、…と変えていきます。

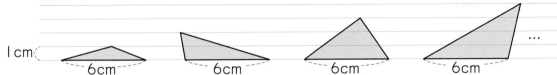

(1) 高さを□cm、面積を○cm²として、三角形の面積を求める式を書きましょう。

(2) □(高さ)が1、2、3、…と変わると、○(面積)はそれぞれいくつになりますか。下の表に書きましょう。

高さ□(cm)	1	2	3	4	5	6
面積○(cm²)						

(3) 三角形の面積は、高さに比例していますか。

(4) 高さが30cmのときの三角形の面積は、高さが5cmのときの三角形の面積の何倍ですか。

解き方 (1) 　①▭ × ②▭ ÷2 = ③▭
　　　　　　　　底辺　　　　高さ　　　　　面積

(2) □が1のとき、6×1÷2=3(cm²)　　□が2のとき、6×2÷2=6(cm²)

　　□が3のとき、④▭ × ⑤▭ ÷ ⑥▭ = ⑦▭ (cm²)

　　□が4のとき、⑧▭ × ⑨▭ ÷ ⑩▭ = ⑪▭ (cm²)

高さ□(cm)	1	2	3	4	5	6
面積○(cm²)	3	6	⑫	⑬	⑭	⑮

(3) □が2倍、3倍、…になると、○も2倍、3倍、…になるので、面積(○)は高さ(□)に ⑯▭ しています。

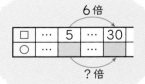

(4) 高さが5cmから30cmと6倍になっているから、面積も ⑰▭ 倍になります。

教科書　下 60 ページ　答え　34 ページ

1 次の図のように、三角形の底辺の長さを 8 cm と決めて、高さを 1 cm、2 cm、3 cm、… と変えていきます。

教科書 60 ページ **1**

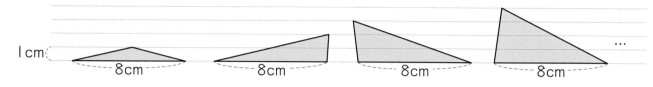

1 cm

8cm　　8cm　　8cm　　8cm　　…

① 高さを □ cm、面積を ○ cm² として、三角形の面積を求める式を書きましょう。

（　　　　　　　　　　　　　）

② □（高さ）が 1、2、3、…と変わると、○（面積）はそれぞれいくつになりますか。下の表に書きましょう。

高さ□(cm)	1	2	3	4	5	6	7	8
面積○(cm²)								

③ 三角形の面積は、高さに比例していますか。

（　　　　　　　　　　　　　）

④ 高さが 27 cm のときの三角形の面積は、高さが 3 cm のときの三角形の面積の何倍ですか。

（　　　　　　　　　　　　　）

2 下の㋐と㋑の三角形の面積を比べます。

教科書 60 ページ **1**

㋐

1.5cm

4.5cm

㋑

3cm

4.5cm

① それぞれの面積を求める式を書きましょう。

㋐（　　　　　　　　　）　㋑（　　　　　　　　　）

② ㋑の三角形の面積は、㋐の三角形の面積の何倍ですか。面積を求めないで答えましょう。

（　　　　　　　　　　　　　）

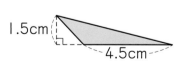 **2** ② 高さが何倍になっているかを考えます。

93

⑬ 四角形と三角形の面積

知識・技能　　　　　　　　　　　　　　　　　　　　／80点

1 右の図のように、三角形 ＥＣＤ を動かして、長方形 ＦＢＣＥ を
つくって、平行四辺形 ＡＢＣＤ の面積の求め方を考えます。

②は全部できて 1問5点(10点)

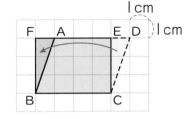

① 平行四辺形 ＡＢＣＤ と面積が等しい図形はどれですか。

（　　　　　　　　　　　　）

② 平行四辺形の面積を求める公式を書きましょう。

平行四辺形の面積＝ ⑦ ［　　　］ × ⑦ ［　　　］

2 右の図のように、三角形 ＡＢＣ を２つ合わせて、
三角形 ＡＢＣ の面積の求め方を考えます。

②は全部できて 1問5点(10点)

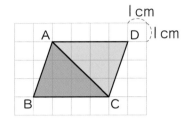

① 三角形 ＡＢＣ の面積は、平行四辺形 ＡＢＣＤ の面積のどれだけ
にあたりますか。

（　　　　　　　　　　　　）

② 三角形の面積を求める公式を書きましょう。

三角形の面積＝ ⑦ ［　　　］ × ⑦ ［　　　］ ÷ ⑨ ［　　　］

3 よく出る 次の図形の面積を求めましょう。　　　　　式・答え 各5点(50点)

① 平行四辺形

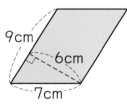

式

答え（　　　　　　　　）

② 三角形

式

答え（　　　　　　　　）

③ 台形

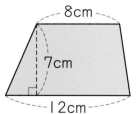

式

答え（　　　　　　　　）

④ ひし形

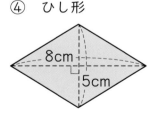

式

答え（　　　　　　　　）

⑤

式

答え（　　　　　　　　）

4 右の図のように、三角形の
底辺の長さを 10 cm と決めて、
高さと面積の関係を調べます。

②は全部できて　1問5点（10点）

① 高さを□ cm、面積を○ cm² として、三角形の面積を求める式を書きましょう。

（　　　　　　　　　　　）

② 三角形の面積は、高さに比例していますか。下の表のあいているところにあてはまる数を
書いて、答えましょう。

高さ□(cm)	1	2	3	4	5
面積○(cm²)					

（　　　　　　　　　　　）

思考・判断・表現　　　　　　　　　　　　／20点

5 右の図のようなひし形の面積を求めます。

（10×3÷2）×2

の式になる考え方は、次の⑦～⑰のどの図から考えたものですか。　（5点）

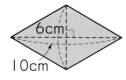

⑦ 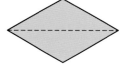　　⑦ 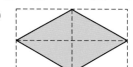　　⑰

（　　　　　　　　　　　）

できたらスゴイ！

6 右の平行四辺形と三角形の面積が等しいとき、三
角形の高さは何 cm ですか。　式・答え　各5点（10点）

式

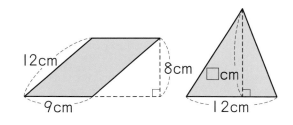

答え（　　　　　　　　　）

できたらスゴイ！

7 右の図のように、長方形ＡＢＣＤの中に点Ｇをかき、Ｇを通り、
辺ＡＤに平行な直線ＥＦをかきます。色をぬった部分の面積は、
長方形ＡＢＣＤのどれだけにあたりますか。　（5点）

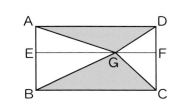

（　　　　　　　　　　　）

 **1** がわからないときは、86 ページの **1** にもどって確かめてみよう。

3分でまとめ

14 割合

① 割合

教科書 下64〜71ページ　答え 36ページ

✏ 次の ☐ にあてはまる数を書きましょう。

🎯めあて **割合の意味を理解し、割合を求められるようにしよう。**　練習 ①➡

⭐もとにする量を 1 とみたとき、比べられる量がどれだけにあたるかを表した数を、
割合といいます。

⭐割合は、次の式で求められます。
割合＝比べられる量÷もとにする量

1 A さんと B さんがサッカーのシュート練習をしました。
右の表はその記録です。次の割合を求めましょう。

(1) A さんのシュートした回数をもとにした、A さんの
シュートが入った回数の割合

(2) B さんのシュートした回数をもとにした、B さんの
シュートが入った回数の割合

	入った回数（回）	シュートした回数（回）
A さん	3	5
B さん	3	6

解き方 (1) 割合は、☐ ÷ ☐ ＝ ☐
比べられる量　もとにする量　答え ☐

(2) 割合は、☐ ÷ ☐ ＝ ☐
答え ☐

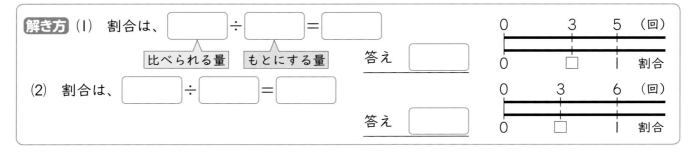

🎯めあて **百分率で、割合を表せるようにしよう。**　練習 ②③④➡

⭐割合を表す 0.01 を 1 **パーセント**といい、
1％ と書きます。

⭐パーセントで表した割合を、**百分率**といいます。

割合を表す数	1	0.1	0.01
百分率	100％	10％	1％

2 小数で表した割合を百分率で、百分率で表した割合を小数で表しましょう。
(1) 0.08　　(2) 0.47　　(3) 1.2　　(4) 24％　　(5) 0.7％

解き方 割合を表す 1 は ☐ ％ で、0.1 は ☐ ％、0.01 は ☐ ％ だから、
小数で表した割合に ☐ をかければ百分率で、百分率の割合を ☐ でわれば小数で
表せます。

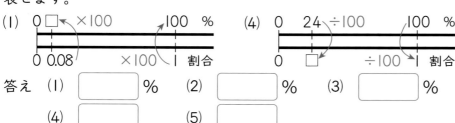

割合を表す 0.1 を 1 割、
0.01 を 1 分、0.001 を
1 厘ということがあるよ。
これを歩合というよ。

答え (1) ☐ ％　(2) ☐ ％　(3) ☐ ％
(4) ☐ 　(5) ☐

ぴったり2

練習

★ できた問題には、「た」をかこう！★

でき ① でき ② でき ③ でき ④

学習日　　月　　日

教科書　下 64〜71 ページ　答え　36 ページ

1 かなさんの学校では、希望するクラブ活動について調べました。右の表は、結果の一部です。
それぞれのクラブの予定人数をもとにした、希望者数の割合を求めましょう。

教科書 66 ページ **1**、68 ページ ⚠

クラブ活動の希望調べ

クラブ	予定人数（人）	希望者数（人）
サッカー	20	16
パソコン	15	18

式

答え　サッカー（　　　　　）　　パソコン（　　　　　）

2 なおきさんの学校の 5 年生の人数は 90 人で、テニスクラブに入っている人は 18 人です。
5 年生の人数をもとにした、テニスクラブの人数の割合を求め、百分率で表しましょう。

教科書 70 ページ **2**

式

答え（　　　　　）

3 小数で表した割合を、百分率で表しましょう。　　教科書 71 ページ ③
① 0.03　　　　　　② 0.48　　　　　　③ 0.5

（　　　　）　　　　（　　　　）　　　　（　　　　）

④ 1.75　　　　　　⑤ 1.1　　　　　　⑥ 0.805

（　　　　）　　　　（　　　　）　　　　（　　　　）

4 百分率で表した割合を、小数で表しましょう。　　教科書 71 ページ ④
① 95 ％　　　　　　② 6 ％　　　　　　③ 80 ％

（　　　　）　　　　（　　　　）　　　　（　　　　）

！まちがい注意

④ 170 ％　　　　　⑤ 21.3 ％　　　　　⑥ 0.2 ％

（　　　　）　　　　（　　　　）　　　　（　　　　）

ヒント ① ② 割合は、比べられる量÷もとにする量で求めます。
④ ⑥ 1 ％は 0.01 だから、0.1 ％は 0.001 です。

ぴったり1
準備

14 割合
② 百分率の問題、③ 練習
④ わりびき、わりましの問題

学習日　　月　　日

教科書 下72〜77ページ　答え 37ページ

✏ 次の ◯ にあてはまる数を書きましょう。

めあて 比べられる量を求められるようにしよう。　　練習 ❶❷➡

★比べられる量は、次の式で求められます。
比べられる量＝もとにする量×割合

1 さとるさんの学校の児童数は380人です。このうち、15％の児童がめがねをかけています。めがねをかけている児童は何人ですか。

解き方 15％を小数で表すと、① ◯

めがねをかけている生徒は、

② ◯ × ③ ◯ = ④ ◯
もとにする量　割合　比べられる量

答え ⑤ ◯ 人

比べられる量　もとにする量
0 □ 　　　　380（人）
0 0.15 　　　1 割合

めあて もとにする量を求められるようにしよう。　　練習 ❸❹➡

もとにする量を求めるときは、□を使って、比べられる量を求めるかけ算の式に表して考えると、求めやすくなります。

2 ゆみさんは、650円の本を買おうと思います。このねだんは、持っているお金の26％にあたります。ゆみさんの持っているお金は何円ですか。

解き方 26％を小数で表すと、① ◯　もとにする量（持っているお金）を□円とすると、

□× ② ◯ = ③ ◯

□= ④ ◯ ÷ ⑤ ◯ = ⑥ ◯

答え ⑦ ◯ 円

比べられる量　　もとにする量
0 650 　　　□（円）
0 0.26 　　　1 割合

めあて ●％びきのねだんを求められるようにしよう。　　練習 ❺❻➡

次の2つの方法で求めます。
㋐●％のねだんを求めて、もとのねだんからひきます。
㋑100％から●％をひいた、(100−●)％のねだんを求めます。

3 500円の15％びきのねだんはいくらですか。

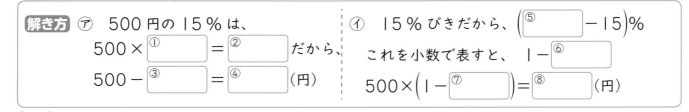

解き方 ㋐ 500円の15％は、

500× ① ◯ = ② ◯ だから、

500− ③ ◯ = ④ ◯ （円）

㋑ 15％びきだから、(⑤ ◯ −15)％

これを小数で表すと、 1− ⑥ ◯

500×(1− ⑦ ◯)= ⑧ ◯ （円）

★ できた問題には、「た」をかこう！★

でき ① でき ② でき ③ でき ④ でき ⑤ でき ⑥

教科書 　下 72～77 ページ　　答え 　37 ページ

1 ある店で、プリンを 120 個作りました。このうち、85 ％ が売れました。
プリンは何個売れましたか。

教科書 　72 ページ **1**

式

答え（　　　　　　　　）

2 ゆうきさんは、2500 円のぼうしを、もとのねだんの 80 ％ のねだんで買いました。
代金はいくらでしたか。
また、もとのねだんよりいくら安く買いましたか。

教科書 　72 ページ **1**、75 ページ ③

式

答え（代金は　　　　　　で、　　　　　　安く買った。）

！まちがい注意

3 ある学校の 5 年生の人数は 78 人です。これは 6 年生の人数の 120 ％ にあたります。
6 年生の人数は何人ですか。

教科書 　73 ページ **2**

式

答え（　　　　　　　　）

4 白米は、炭水化物を約 77 ％ ふくんでいます。100 g の炭水化物をとるためには、白米を
およそ何 g 食べればよいですか。四捨五入して、上から 2 けたのがい数で求めましょう。

教科書 　73 ページ **2**、74 ページ ④

式

答え（　　　　　　　　）

5 3400 円のゲームソフトを、20 ％ びきのねだんで買いました。
代金はいくらでしたか。次の 2 つの方法で求めましょう。

教科書 　76 ページ **1**

① 20 ％ のねだんを求めて、もとのねだんからひく方法

式

答え（　　　　　　　　）

② 100 ％ から 20 ％ をひいた、残りの割合のねだんを求める方法

式

答え（　　　　　　　　）

6 仕入れのねだんが 200 円のケーキに、30 ％ の利益を加えて売ります。
売るねだんはいくらですか。

教科書 　77 ページ **2**

式

答え（　　　　　　　　）

教科書 下 64〜80 ページ ▷答え 38 ページ

知識・技能 ／40点

1 次の文と図から、問題に答えましょう。 各2点(10点)

32 g は、200 g の 0.16 です。

```
0   32                    200 (g)
├───┼────────────────────┤
0  0.16                   1  割合
```

① 上の文で、もとにする量、比べられる量、割合は、それぞれどれですか。

もとにする量 (　　　　　) 比べられる量 (　　　　　) 割合 (　　　　　)

② もとにする量、比べられる量を使って、割合を求める式を書きましょう。

割合＝ [　　　　　　] ÷ [　　　　　　]

2 小数で表した割合を、百分率で表しましょう。 各2点(6点)
① 0.12 　　　② 1.4 　　　③ 0.385

(　　　　　) 　　(　　　　　) 　　(　　　　　)

3 よく出る 百分率で表した割合を、小数で表しましょう。 各2点(6点)
① 90 % 　　　② 105 % 　　　③ 7.2 %

(　　　　　) 　　(　　　　　) 　　(　　　　　)

4 次の問題に答えましょう。 各6点(18点)
① 48 m は、80 m の何 % ですか。

(　　　　　)

② 300 人の 40 % は何人ですか。

(　　　　　)

③ 12 m² が 30 % にあたる花だんの面積は、何 m² ですか。

(　　　　　)

思考・判断・表現　　　　　　　　　　　　　　　　　　／60点

5 ある学校の5年生の人数は164人で、そのうち犬を飼っている人数は27人です。
5年生の人数をもとにすると、犬を飼っている人数はおよそ何％ですか。四捨五入して、
上から2けたのがい数で求めましょう。　　　　　　　式・答え 各5点(10点)

式

　　　　　　　　　　　　　　　　　　　　答え（　　　　　　　　　）

6 さきさんは、4500円のセーターを、もとのねだんの85％のねだんで買いました。
代金はいくらでしたか。　　　　　　　　　　　　　式・答え 各5点(10点)

式

　　　　　　　　　　　　　　　　　　　　答え（　　　　　　　　　）

7 定員が全部で400人の電車に、定員の110％の人が乗っています。
この電車に乗っている人は何人ですか。　　　　　　式・答え 各5点(10点)

式

　　　　　　　　　　　　　　　　　　　　答え（　　　　　　　　　）

8 ゆうやさんの学校では、今日18人の児童が欠席しました。これは学校全体の児童数の
4％にあたります。
学校全体の児童数は何人ですか。　　　　　　　　　式・答え 各5点(10点)

式

　　　　　　　　　　　　　　　　　　　　答え（　　　　　　　　　）

9 えりさんは、3800円のシャツを、もとのねだんの25％びきのねだんで買いました。
代金はいくらでしたか。　　　　　　　　　　　　　式・答え 各5点(10点)

式

　　　　　　　　　　　　　　　　　　　　答え（　　　　　　　　　）

10 りんご1個の仕入れのねだんは120円です。利益を25％加えて売ります。
売るねだんはいくらですか。　　　　　　　　　　　式・答え 各5点(10点)

式

　　　　　　　　　　　　　　　　　　　　答え（　　　　　　　　　）

 ❶がわからないときは、96ページの❶にもどって確にんしてみよう。

（割合を表すグラフー1）

✏️ 次の▭にあてはまる数や円グラフをかきましょう。

めあて 帯グラフや円グラフの見方を理解しよう。　練習 ①②➡

★**帯グラフ**は全体を長方形で表し、各部分の割合を
直線で区切って表します。

★**円グラフ**は全体を円で表し、各部分の割合を半径
で区切って表します。

帯グラフ　　　円グラフ
100%
0
0　　　　100%

1 下の帯グラフは、ゆかさんの学校全体で、好きな遊びの割合を表したものです。

好きな遊び（学校全体）

ゲーム	外遊び	本・まんが	その他

0　10　20　30　40　50　60　70　80　90　100%

各部分の割合を見たり、
比べたりするのに
便利だね。

(1) 外遊びの割合は、全体の何 % ですか。

(2) ゲームの割合は、本・まんがの割合の何倍ですか。

解き方 (1)　目もりが 40 から 75 の間だから、①▭ー②▭＝③▭（%）

(2)　ゲーム…④▭%、本・まんが…⑤▭% ⑥▭÷⑦▭＝⑧▭（倍）

めあて 帯グラフや円グラフがかけるようにしよう。　練習 ③➡

🐾**帯グラフや円グラフのかき方**

❶各部分の割合を百分率で求めます。

❷ふつう、割合の大きい順に、各部分をそれぞれの
百分率にしたがって区切ります。

❶で求めた百分率の
合計が 100 % にならな
いときは、割合のいちば
ん大きい部分か「その他」
で調整しよう。

2 下の表は、まなとさんの学校の 5 年生の好きなスポーツを調べた結果です。
表のあいているところにあてはまる数を書いて、円グラフに表しましょう。

好きなスポーツ（5 年生）

スポーツ	サッカー	ドッジボール	水泳	野球	その他	合計
人数（人）	54	36	12	5	13	120
百分率（%）	45	30			11	100

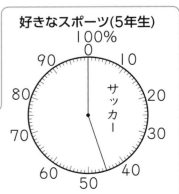

好きなスポーツ（5 年生）
100%
0
90　　　10
80　　　　20
70　サッカー　30
60　　　　40
50

解き方

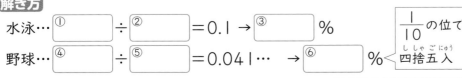

水泳…①▭÷②▭＝0.1 →③▭%

野球…④▭÷⑤▭＝0.041… →⑥▭%◀ $\frac{1}{10}$ の位で
四捨五入

教科書　下 82～87 ページ　　答え　39 ページ

1 下の帯グラフは、ある町で去年使ったお金の、使いみち別の割合を表したものです。

教科書 83 ページ **1**

お金の使いみち(去年)

| ふくし費 | 土木費 | 教育費 | 衛生費 | その他 |

0　10　20　30　40　50　60　70　80　90　100%

① ふくし費は、全体の何 % ですか。（　　　　　）

② ふくし費と土木費をあわせると、全体のおよそ何分の一ですか。（　　　　　）

③ 土木費は、衛生費のおよそ何倍ですか。（　　　　　）

2 右の円グラフは、ある学校に通っている児童全体 600 人の住んでいる町別の人数を表したものです。　教科書 83 ページ **1**

① 西町から通っている児童の割合は、全体の何 % ですか。

（　　　　　）

② 東町から通っている児童数は、北町から通っている児童数の何倍ですか。

（　　　　　）

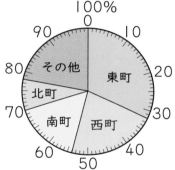

住んでいる町(児童全体)

3 下の表は、ある学校全体で、先月けがをした人のけがをした人数を場所別に調べた結果です。表のあいているところにあてはまる数を書いて、いちばん大きい部分を調整して、帯グラフと円グラフに表しましょう。　教科書 85 ページ **2**

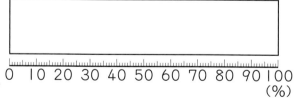

けがをした場所(学校全体)

0　10　20　30　40　50　60　70　80　90 100
(%)

けがをした場所(学校全体)

場所	人数（人）	百分率（%）
校庭	33	
体育館	20	
ろう下	11	
教室	6	
その他	10	
合計	80	100

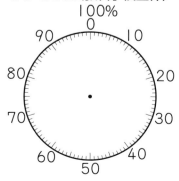

けがをした場所(学校全体)

ヒント

3 百分率は $\frac{1}{10}$ の位で四捨五入して表します。百分率の合計が 100 % にならないときは、割合のいちばん大きい部分か「その他」を増やしたり減らしたりして、合計を 100 % にします。

103

✏️ 次の□にあてはまる数を書きましょう。

◎めあて 2つの帯グラフを比べて、いろいろなことを読み取れるようにしよう。　練習 ①→

帯グラフをたてにならべると、それぞれの部分どうしの割合を比べやすくなります。

1 ひろとさんの学校の5年生と6年生で、「好きなテレビ番組」を調べて、下の帯グラフに表しました。

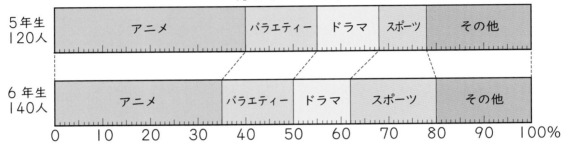

好きなテレビ番組

(1) 6年生のアニメの人数は、6年生全体のおよそ何分の一ですか。

(2) 5年生と6年生のバラエティーの割合は、それぞれ何%ですか。

(3) 6年生のスポーツの人数は、ドラマの人数の何倍ですか。

(4) 5年生と6年生で、スポーツの割合が大きいのはどちらですか。

(5) 5年生と6年生のアニメの人数は、それぞれ何人ですか。

解き方 (1) 6年生のアニメの人数は、6年生全体のおよそ $\dfrac{1}{\boxed{}}$ です。

(2) 5年生、6年生の帯グラフで、バラエティーの割合の目もりを読むと、
5年生は □ %、6年生は □ %です。

(3) 6年生のドラマの割合は □ %、スポーツの割合は □ %だから、

□ ÷ □ = □ (倍)

比べられる量　もとにする量　割合

6年生の帯グラフは、大きい順ではなく、5年生と同じ順になっているね。

(4) スポーツの割合は、□ 年生のほうが大きいです。

(5) 5年生のアニメの割合は □ %だから、

5年生のアニメの人数は、120× □ = □ (人)

もとにする量　割合　比べられる量

全体の人数がちがうとき、割合が多いほうが、人数も多いといえるのかな。

6年生のアニメの割合は □ %だから、

6年生のアニメの人数は、□ × □ = □ (人)

もとにする量　割合　比べられる量

学習日　　月　　日

教科書　下89ページ　　答え　39ページ

1　下の帯グラフは、A村とB村の土地利用のようすを表しています。

教科書　89ページ ❸

土地利用のようす

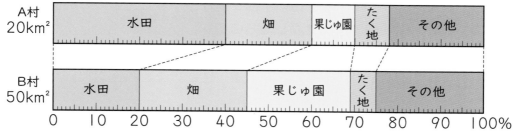

① A村とB村の畑の割合は、それぞれ何％ですか。

A村（　　　　　　　）　B村（　　　　　　　）

② B村の果じゅ園の面積は、B村全体のおよそ何分の一ですか。

（　　　　　　　）

③ A村とB村で、たく地の割合が大きいのはどちらの村ですか。

（　　　　　　　）

④ A村とB村の畑の面積は、それぞれ何km²ですか。

A村（　　　　　　　）　B村（　　　　　　　）

⑤ A村の水田の面積は、たく地の面積の何倍ですか。

（　　　　　　　）

🔍よくみて

⑥ A村とB村の、水田の面積について、次の考えは正しいですか、正しくないですか。ことばや式を使って、その理由も説明しましょう。

| 割合はA村のほうが大きいから、面積もA村のほうが大きい。 |

考えは［　　　　　　　］。
理由

ぴったり3
確かめのテスト

⑮ 帯グラフと円グラフ

時間 30 分

／100

合格 80 点

教科書 下 82〜92 ページ ▶ 答え 40 ページ

知識・技能 ／40点

1 よく出る 次の帯グラフは、ある日の午前9時から午後5時までの間に、学校の前を通った車の台数について、種類別の割合(わりあい)を表したものです。 各5点(10点)

学校の前を通った車の種類
(ある日の午前9時から午後5時までの間)

| 乗用車 | バス | トラック | タクシー | その他 |

0　10　20　30　40　50　60　70　80　90　100%

① 乗用車の台数は、全体の何 % ですか。 (　　　　　)

② バスとトラックをあわせると、全体のおよそ何分の一ですか。 (　　　　　)

2 よく出る 右の円グラフは、好きな給食のメニューについて、学校全体で行ったアンケートの結果を表したものです。 各5点(10点)

① からあげの人数は、全体の何 % ですか。

(　　　　　)

② カレーライスの人数は、シチューの人数の何倍ですか。

(　　　　　)

好きな給食のメニュー(学校全体)

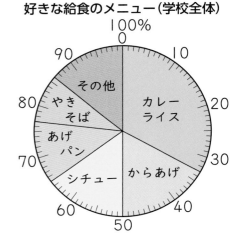

3 よく出る 次の表は、好きなスポーツについて、ある小学校の5年生全体で行ったアンケートの結果を整理し、その他の部分を調整したものです。これを下の帯グラフに表しましょう。 (10点)

好きなスポーツ(5年生)

スポーツ	サッカー	ドッジボール	野球	水泳	その他	合計
人数(人)	84	32	24	12	8	160
百分率(ひゃくぶんりつ)(%)	53	20	15	8	4	100

好きなスポーツ(5年生)

0　10　20　30　40　50　60　70　80　90　100%

106

④ よく出る 次の表は、1週間に何日習い事に行くかについて、ある学校で行ったアンケートの結果を整理したものです。

これを右の円グラフに表しましょう。

(10点)

習い事に行く日数（1週間）

日数	人数（人）	百分率（%）
0日	48	16
1日	114	38
2日	60	20
3日	54	18
4日以上	24	8
合計	300	100

習い事に行く日数（1週間）

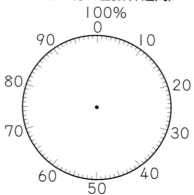

思考・判断・表現 　　　　　　　　　　　　　　　　　　　　　　／60点

⑤ 下の帯グラフは、A小学校とB小学校の図書室の本の数を種類別に表したものです。

①各5点 ②③各10点 ④記号10点 理由20点(60点)

図書室の本の数

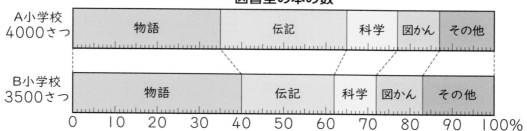

① A小学校、B小学校の伝記の割合は、それぞれ何%ですか。

A小学校（　　　　　　　）　　B小学校（　　　　　　　）

② B小学校の伝記の数は、B小学校全体の本の数のおよそ何分の一ですか。

（　　　　　　　）

③ A小学校の物語の数は、図かんの数の何倍ですか。

（　　　　　　　）

できたらスゴイ！

④ A小学校とB小学校の物語の数について、正しいものを㋐、㋑、㋒から選び、記号で答えましょう。また、理由も説明しましょう。

㋐ 同じ　　㋑ A小学校が多い　　㋒ B小学校が多い

記号

理由

ふりかえり　①①がわからないときは、102ページの①にもどって確にんしてみよう。

変わり方調べ

でき 1

教科書　下93〜95ページ　答え　41ページ

✏️ 次の◯◯◯にあてはまる数を書きましょう。

🎯 めあて　ともなって変わる2つの量の関係を式で表せるようにしよう。　練習 ①→

　ともなって変わる2つの量の関係を見つけるのに、図や表を使って考えることで、2つの量の関係を式に表すことができます。

1　長さの等しいマッチぼうで、右の図のように正三角形を作り、横にならべていきます。

　正三角形を30こ作るとき、マッチぼうは何本いりますか。

　また、正三角形の数□ことマッチぼうの数◯本の関係を式に表しましょう。

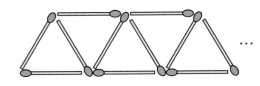
正三角形を1こ増やすのに
「7」や「＼」を1こ作ると、マッチぼうが2本必要だね。

解き方

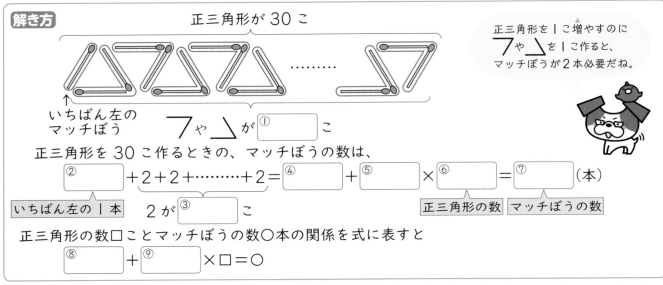

正三角形が30こ

いちばん左のマッチぼう

7や＼が ①◯◯◯ こ

正三角形を30こ作るときの、マッチぼうの数は、

②◯◯◯ ＋2＋2＋……＋2＝④◯◯◯＋⑤◯◯◯×⑥◯◯◯＝⑦◯◯◯（本）

いちばん左の1本　　2が③◯◯◯こ　　　　　　正三角形の数　マッチぼうの数

正三角形の数□ことマッチぼうの数◯本の関係を式に表すと

⑧◯◯◯＋⑨◯◯◯×□＝◯

🐾

1　上の**1**を、下のような考え方で求めます。　　教科書 93ページ **1**

① ◯◯◯にあてはまる数を書きましょう。

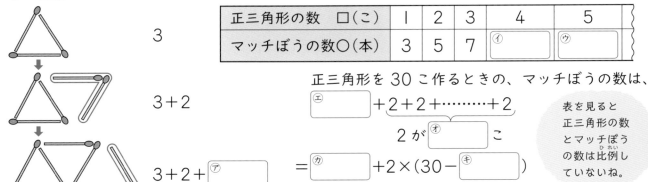

3

3＋2

3＋2＋⑦◯◯◯

正三角形の数　□（こ）	1	2	3	4	5
マッチぼうの数◯（本）	3	5	7	④◯◯◯	⑦◯◯◯

正三角形を30こ作るときの、マッチぼうの数は、

④◯◯◯ ＋2＋2＋……＋2

2が④◯◯◯こ

＝⑤◯◯◯＋2×（30－④◯◯◯）

＝⑦◯◯◯（本）

表を見ると正三角形の数とマッチぼうの数は比例していないね。

② ①の正三角形の数□ことマッチぼうの数◯本の関係を式に表しましょう。

（　　　　　　　　　　）

💡 ヒント　● ② ①の式は、正三角形の数から1ひいた数に2をかけていることに目をつけます。

⑯ 変わり方調べ

知識・技能　　　　　　　　　　　　　　　　　　　／40点

1 長さの等しいぼうで、右の図のようにひし形を作り、横にならべていきます。　各10点(40点)

① ひし形の数□こが、１こ、２こ、…のとき、ぼうの数○本はそれぞれどのようになりますか。下の表にまとめましょう。

ひし形の数 □（こ）	1	2	3	4	5	6
ぼうの数　○（本）						

② ひし形の数が１こ増えると、ぼうの数はどのように変わりますか。

（　　　　　　　　　　　　）

③ ひし形の数□ことぼうの数○本の関係を式に表しましょう。

（　　　　　　　　　　　　）

④ ひし形を 40 こ作るとき、ぼうは何本いりますか。

式

答え（　　　　　　　　）

思考・判断・表現　　　　　　　　　　　　　　　　／60点

2 １辺の長さが 4 cm の正方形の色紙を右の図のようにつなげ、横にならべていきます。

①②各20点 ③式・答え 各10点(60点)

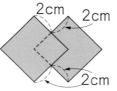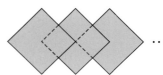

① 色紙の数□まいと、できた形の面積○ cm² の関係を下の表に書きましょう。

色紙の数　　　□（まい）	1	2	3	4	5
できた形の面積○（cm²）					

② 色紙の数□まいとできた形の面積○ cm² の関係を、式に表しましょう。

（　　　　　　　　　　　　）

③ 色紙を 21 まいつなげるとき、できた形の面積は何 cm² ですか。

式

答え（　　　　　　　　）

109

次の □ にあてはまることばや数、図の続きをかきましょう。

◎めあて　正多角形の性質を理解しよう。　練習 ①②→

辺の長さがすべて等しく、角の大きさもすべて等しい多角形を、**正多角形**といいます。

1 右の図の多角形は、何といえばよいですか。

解き方　9つの辺の長さがすべて □ 、

9つの角の大きさもすべて □ ので、□ といいます。

◎めあて　正多角形のかき方を考えよう。　練習 ③④→

🐾 正多角形のかき方

❶ 円の中心のまわりの角を等分して半径をかきます。

（正三角形なら 3 つ、正方形（正四角形）なら 4 つ、正五角形なら 5 つ、…に等分します。）

❷ 円と交わった点を頂点として結びます。

2 半径2cm の円を使って、正六角形をかきましょう。

解き方　・円の中心のまわりの角を 6 等分するかき方
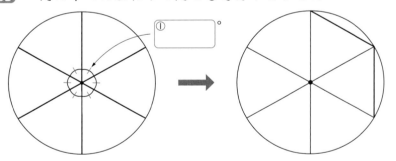
① □ °
答え
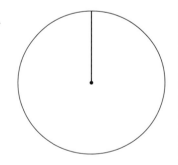

・正六角形の辺の長さが、円の ② □ の長さと等しくなることを使うかき方
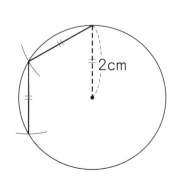
2cm
答え
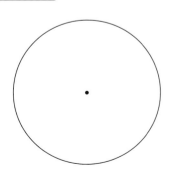

6つの合同な正三角形に分けられるから、この正六角形の1辺の長さは2cmだね。

練習

学習日　　月　　日

教科書　下 96〜100 ページ　答え　42 ページ

1 下の多角形は、それぞれ辺の長さがすべて等しく、角の大きさもすべて等しくなっています。この多角形は、それぞれ何といえばよいですか。　教科書 97 ページ **1**

①

（　　　　　　　　）

②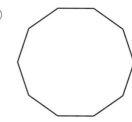

（　　　　　　　　）

2 下の多角形は、正多角形といえますか。また、その理由も説明しましょう。　教科書 97 ページ **1**

①
五角形

正多角形と
[　　　　　　　　]。

理由（　　　　　　　　　　　　　　　）

②
六角形

正多角形と
[　　　　　　　　]。

理由（　　　　　　　　　　　　　　　）

3 円の中心のまわりの角を等分する方法で下の正多角形をかくとき、あ、いの角度は、何度にすればよいですか。　教科書 99 ページ **2**

①
正三角形

（　　　　　　　　）

②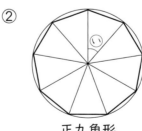
正九角形

（　　　　　　　　）

4 円の中心のまわりの角を等分する方法で、右の円に、正十二角形をかきましょう。　教科書 99 ページ **2**

ヒント
2 辺の長さがすべて等しく、角の大きさもすべて等しい多角形が、正多角形です。
4 円の中心のまわりの角を 12 等分してかきます。

✏ 次の ☐ にあてはまる数やことばを書きましょう。

🎯めあて **円周率**の意味を理解し、円周の長さを求められるようにしよう。　練習 1 2 3 4 ➡

☆円のまわりを**円周**といいます。

☆円周の長さが、直径の長さの何倍になっているかを表す数を、**円周率**といい、約3.14です。

　　円周率＝円周÷直径

☆円周の長さは、次の式で求められます。**円周＝直径×円周率**

1 下の円の、円周の長さを求めましょう。

(1)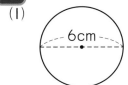

(2)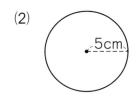

解き方 (1) ☐ × ☐ = ☐ (cm)
　　　　　　直径　　円周率　　円周

(2) 直径は、5×① ☐ =② ☐ (cm)なので、③ ☐ ×④ ☐ =⑤ ☐ (cm)
　　　　　　　　　　　　　　　　　　　　　　直径　　円周率　　円周

🎯めあて **直径の長さと円周の長さの関係**を理解しよう。　練習 5 ➡

☆直径の長さを☐cm、円周の長さを〇cmとすると、☐×3.14＝〇

☆☐(直径)が2倍、3倍、…になると、それにともなって
　〇(円周)も2倍、3倍、…になるので、〇(円周)は☐(直径)に**比例**します。

2 円の直径の長さが変わると、それにともなって、円周の長さがどのように変わるか調べます。

直径　☐(cm)	1	2	3	4	5
円周　〇(cm)	3.14	6.28	9.42	12.56	15.7

(1) 円周の長さは、直径の長さに比例していますか。

(2) 直径が10cmのときの円周の長さは、直径が5cmのときの円周の長さの何倍ですか。

解き方 (1) 直径が2倍、3倍、…になると、円周も2倍、3倍、…に
　　　　なるから、円周の長さは、直径の長さに ☐ しています。

(2) 直径の長さが、5cmから10cmと ☐ 倍に
　　　　なるから、円周の長さも ☐ 倍になります。

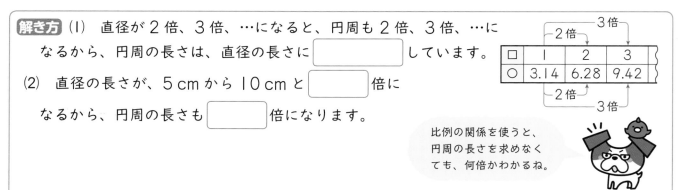

比例の関係を使うと、
円周の長さを求めなく
ても、何倍かわかるね。

練習

★ できた問題には、「た」をかこう！★

でき ① でき ② でき ③ でき ④ でき ⑤

教科書 下 101〜106 ページ　　答え 42 ページ

1 かんの直径と円周の長さをはかると、直径は 13.5 cm、円周の長さは 42.4 cm でした。
円周の長さは、直径の長さの何倍になっていますか。
答えは四捨五入して、$\frac{1}{100}$ の位までのがい数で求めましょう。　　教科書 101 ページ **1**

（　　　　　　　　　）

2 下の円の、円周の長さを求めましょう。　　教科書 104 ページ **2**・⚠

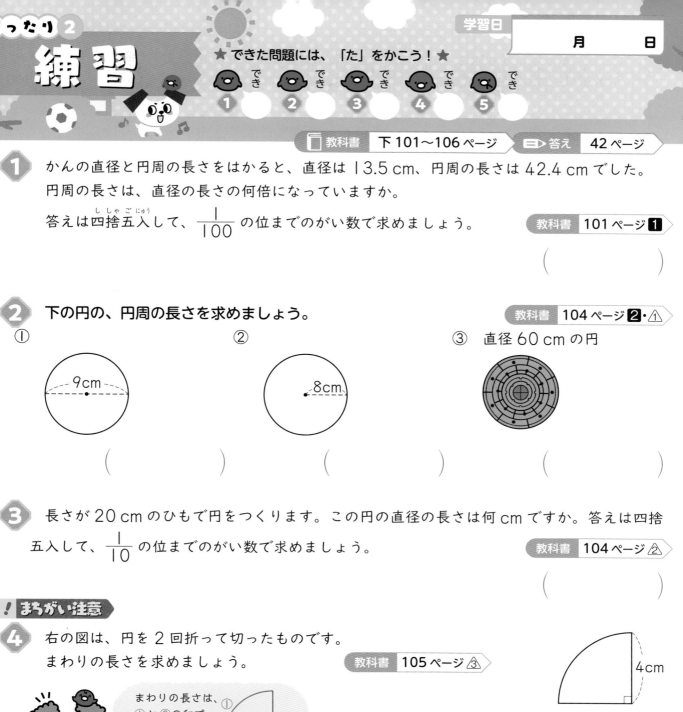

① 9cm

② 8cm

③ 直径 60 cm の円

（　　　　　）　　（　　　　　）　　（　　　　　）

3 長さが 20 cm のひもで円をつくります。この円の直径の長さは何 cm ですか。答えは四捨
五入して、$\frac{1}{10}$ の位までのがい数で求めましょう。　　教科書 104 ページ ⚠

（　　　　　　　　　）

! まちがい注意

4 右の図は、円を 2 回折って切ったものです。
まわりの長さを求めましょう。　　教科書 105 ページ ③

まわりの長さは、①と②の和で求められるね。

4cm

（　　　　　　　　　）

5 円の半径の長さが変わると、それにともなって、円周の長さがどのように変わるか調べます。
教科書 106 ページ **3**

半径(cm)	1	2	3	4	5	6	7
円周(cm)							

① 円周の長さを求めて、上の表に書きましょう。
② 円周の長さは、半径の長さに比例していますか。
（　　　　　　　　　）
③ 半径が 18 cm のときの円周の長さは、半径が 6 cm のときの円周の長さの何倍ですか。

（　　　　　　　　　）

 ヒント
④ 半径 4 cm の円の $\frac{1}{4}$ の大きさです。
⑤ ③ 円周の長さを計算で求めないで、考えます。

113

ぴったり3 確かめのテスト

⑰ 正多角形と円周の長さ

時間 **30** 分

／100

合格 **80** 点

教科書 下 96～109 ページ　答え 43 ページ

知識・技能　　　　　　　　　　　　　　　　　　　　　　／70点

1 ▢にあてはまる数やことばを書きましょう。　　　各3点(6点)

円周の長さは、直径の長さの約 ▢ 倍になっています。

円周の長さを求める式は、円周＝直径× ▢ です。

2 半径 5 cm の円を使って、正六角形をかきました。　各5点(10点)

① ㋐の角度は何度ですか。

（　　　　　　　）

② この正六角形の 1 辺の長さは何 cm ですか。

（　　　　　　　）

3 下の円の、円周の長さを求めましょう。　　式・答え 各6点(24点)

① 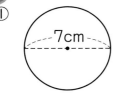 　式

答え（　　　　　　　）

② 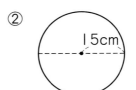 　式

答え（　　　　　　　）

4 円周の長さが 628 m の円の半径は、何 m ですか。　　(6点)

（　　　　　　　）

114

5 円の直径の長さが変わると、それにともなって、円周の長さがどのように変わるか調べます。

各6点(12点)

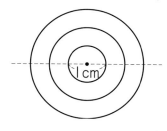

直径　□(cm)	1	2	3	4	
円周　○(cm)	3.14	6.28	9.42	12.56	

① □と○を使って、円周の長さを求める式を書きましょう。

(　　　　　　　　　)

② 円周の長さは、直径の長さに比例^{ひれい}していますか。

(　　　　　　　　　)

6 円の中心のまわりの角を等分する方法で、正五角形をかきます。

各6点(12点)

① 円の中心のまわりの角を、何度ずつに分ければよいですか。

(　　　　　　　)

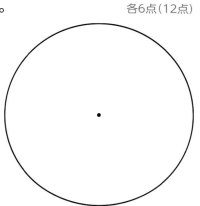

② 右の円を使って、正五角形をかきましょう。

思考・判断・表現　　　　　　　　　　　　　　　　／30点

7 右の図の色のついた部分のまわりの長さを求めましょう。

式・答え 各9点(18点)

式

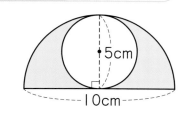

答え (　　　　　　　　　)

8 右の図のように、AとBの2つのサイクリングコースがあります。

Aは、直径1kmの円を1周するコースです。Bは、Aの円の内側に半径の等しい円を2つつなげた形の「8の字形」のコースです。

この2つのコースの長さは同じですか、ちがいますか。また、その理由も説明しましょう。

(12点)

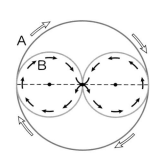

2つのコースの長さは [　　　　　　　　] 。

理由

2 がわからないときは、110ページの **2** にもどって確^{かく}にんしてみよう。

3分でまとめ

① 角柱と円柱

教科書 下110〜115ページ　答え 43ページ

✎ 次の ◻ にあてはまることばや数を書きましょう。

🎯めあて **角柱の特ちょうを理解しよう。**　　練習 ❶❷❸❹➡

⭐右のような立体を、**角柱**といいます。

⭐底面が三角形、四角形、五角形、…の角柱を、それぞれ三角柱、四角柱、五角柱、…といいます。

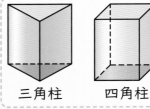
三角柱　　四角柱　　五角柱

頂点
底面
側面　側面
底面
辺

⭐上下に向かい合った2つの面を**底面**といい、まわりの四角形の面を**側面**といいます。

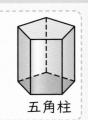
高さ

⭐底面に垂直な直線で、2つの底面にはさまれた部分の長さを、**高さ**といいます。

1 角柱について、次の問題に答えましょう。
(1) 側面はどんな形ですか。
(2) 三角柱、四角柱、五角柱の側面の数は、それぞれいくつですか。

解き方 (1) 側面の形は、◻◻◻か正方形です。

(2) 側面の数は、底面の辺の数と同じだから、
三角柱は ◻◻◻ つ、四角柱は ◻◻◻ つ、五角柱は ◻◻◻ つです。

🎯めあて **円柱の特ちょうを理解しよう。**　　練習 ❶❷❹➡

⭐右のような立体を、**円柱**といいます。

底面
側面
底面

⭐上下に向かい合った2つの面を**底面**といい、まわりの面を**側面**といいます。
⭐平らでない面を、**曲面**といいます。円柱の側面は、曲面になっています。

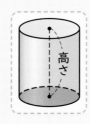
高さ

⭐底面に垂直な直線で、2つの底面にはさまれた部分の長さを高さといいます。

2 円柱について、次の問題に答えましょう。
(1) 2つの底面はどんな形ですか。　　(2) 底面どうしの関係はどうなっていますか。

解き方 (1) 底面の形は ◻◻◻ です。

(2) 底面どうしは ◻◻◻ で、◻◻◻ になっています。

教科書　下 110～115 ページ　　答え　43 ページ

1 ①は、何という角柱ですか。また、②のような立体を何といいますか。

教科書　111 ページ **1**、114 ページ **3**

① 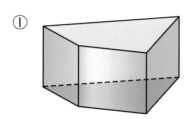　　　　　　　　　　②

（　　　　　　　）　　　　　　　　（　　　　　　　）

2 ◻にあてはまることばを、下の ⌇⌇⌇から選んで書きましょう。

教科書　111 ページ **1**、114 ページ **3**

① 角柱や円柱の底面どうしの関係は ◻◻◻◻ で、合同になっている。

② 角柱の側面と底面は、 ◻◻◻◻ に交わっている。

③ 角柱の側面の形は、 ◻◻◻◻ か ◻◻◻◻ になっている。

④ 円柱の側面は、 ◻◻◻◻ になっている。

> 円　　　　　　二等辺三角形　　　　長方形　　　　　正方形
> 平面　　　　　曲面　　　　　　　平行　　　　　　垂直

3 右のような角柱があります。

教科書　111 ページ **1**、114 ページ **3**

① この角柱の底面は、どんな形ですか。　（　　　　　　　）

② この角柱は、何という角柱ですか。　　（　　　　　　　）

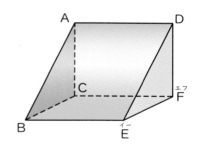

よくみて
③ この角柱の高さは、どの部分の長さになりますか。
　㋐～㋒から選んで記号で答えましょう。

　㋐　辺AB　　　㋑　辺AC　　　㋒　辺AD　　　（　　　　　　　）

4 角柱や円柱の見取図の続きをかきましょう。

教科書　115 ページ **2**

① 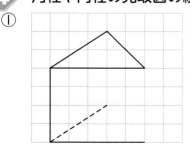　　　　②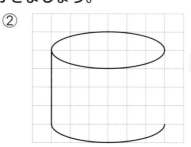

> 辺の平行に気をつけて
> かこう。
> 見えないところは、
> 点線でかくんだよ。

ヒント
3 ① 合同な形で、平行になっている面が底面です。
③ 高さは、底面に垂直で、2つの底面にはさまれた部分の長さです。

教科書 下 116〜117 ページ　　答え 44 ページ

次の □ にあてはまる数や図の続き、ことばをかきましょう。

めあて 角柱の展開図をかけるようにしよう。　　練習 ①②→

見取図

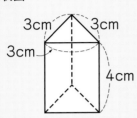

展開図

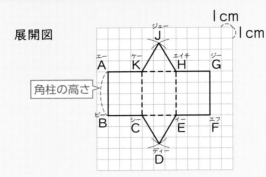

角柱の高さ

1cm 1cm

展開図で、
高さ…辺 A B の長さ
組み立てたとき、点Dに
集まる点…点Bと点F

1 下のような角柱があります。
この角柱の展開図を、かきましょう。

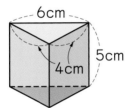

1cm 1cm

解き方 展開図では、側面は、たてが □ cm の
長方形になっています。

めあて 円柱の展開図をかけるようにしよう。　　練習 ③→

円柱の展開図をかくと、
側面は長方形になります。

側面を切り開くと
長さが等しい
ところがわかるよ。

見取図

4cm

3cm

展開図

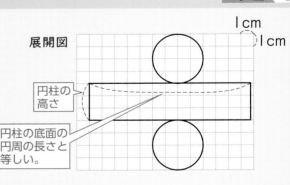

円柱の
高さ

円柱の底面の
円周の長さと
等しい。

1cm 1cm

2 右のような円柱があります。
この円柱の展開図をかくと、側面はどんな形になりますか。

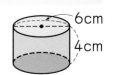

6cm
4cm

解き方 展開図では、側面は ① □ で、たての長さは ② □ cm、
横の長さは、底面の ③ □ の長さと同じで、6× ④ □ ＝ ⑤ □ （cm）です。

教科書 下 116〜117 ページ 　 答え 44 ページ

1 右の図のような、角柱の展開図を組み立てます。

教科書 116 ページ **1**

① この角柱は、何という角柱ですか。

（　　　　　　　　）

② この角柱の高さは何 cm ですか。

（　　　　　　　　）

③ 点Aに集まる点を全部答えましょう。

（　　　　　　　　）

2 右のような角柱があり
ます。

教科書 116 ページ **1**

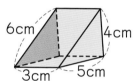

① この角柱は、何という角柱ですか。

（　　　　　　　　）

② この角柱の高さは何 cm ですか。

（　　　　　　　　）

③ 右の図に、この角柱の展開図の続きをかき
ましょう。

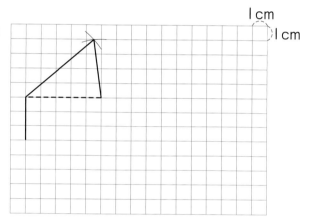

3 右のような円柱があります。

教科書 117 ページ **2**

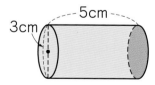

① □ にあてはまる数やことばを書きましょう。
展開図では、側面は、

たて □ cm、　横 □ cm の □ です。

② 右の図に、この円柱の展開図の続きをかきましょう。

ヒント ❷ ❸ 角柱や円柱の底面は、向かい合った 2 つの合同な面です。
底面はどの面か、考えましょう。

119

ぴったり3
確かめのテスト

⑱ 角柱と円柱

時間 **30**分

／100

合格 **80**点

教科書 下 110～119 ページ ▶ 答え **45** ページ

知識・技能 ／85点

1 次の □ にあてはまることばを答えましょう。また、この立体は何といいますか。

各3点(15点)

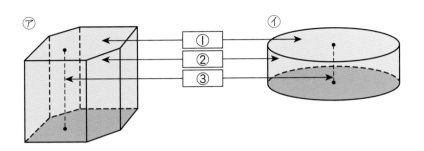

① ( ) ② ( ) ③ ( )

⑦の名前 ( )

⑦の名前 ( )

2 角柱の側面、頂点、辺の数を調べます。下の表のあいているところに、あてはまる数を書きましょう。

各3点(18点)

	三角柱	四角柱	五角柱
１つの底面の頂点の数	3	4	①
側面の数	3	②	5
頂点の数	③	8	④
辺の数	9	⑤	⑥

3 □ にあてはまることばを、下の □ から選んで書きましょう。

各5点(20点)

① 角柱の底面どうしの関係は、□ で、形は □ になっています。

② 角柱の側面は、底面に □ に交わっています。

③ 円柱の側面は、□ になっています。

```
平面    曲面    平行    垂直    合同
```

120

④ 角柱や円柱の見取図の続きをかきましょう。　　　各5点（10点）

①
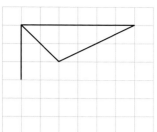

②
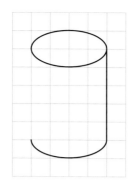

⑤ よく出る 下のような角柱の展開図の
続きをかきましょう。　　　　（7点）

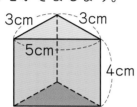

3cm　3cm
5cm
4cm

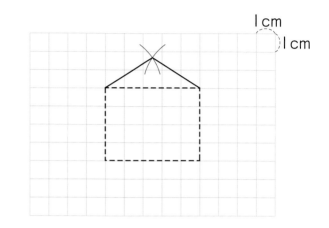

1cm
1cm

⑥ よく出る 下の円柱について、答えましょう。　　　各5点（15点）

① 展開図をかくと側面は
どんな形になりますか。

2cm
1cm

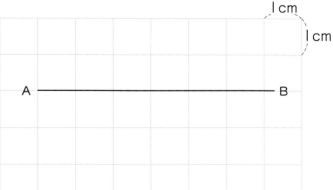

1cm
1cm

A　　　　　　　　　　　　　　B

（　　　　　　　　　）

② 右の図の直線ＡＢは、側面の展開図の一
部です。直線ＡＢの長さは何 cm ですか。

（　　　　　　　　　）

③ 展開図の続きをかきましょう。

思考・判断・表現　　　　　　　　　　　　　　　　／15点

⑦ 右のような円柱の展開図をかきます。　　　各5点（15点）
① 底面の円の半径は何 cm ですか。

（　　　　　　　　　）

② 側面となる図形のたて、横はそれぞれ何 cm ですか。

たて（　　　　　　　　　）　横（　　　　　　　　　）

4cm
4cm

 ふりかえり 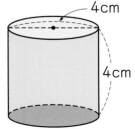 ① がわからないときは、116 ページの ① にもどって確にんしてみよう。

考える力をのばそう

もとにする大きさに注目して

教科書　下 120〜121 ページ　答え　46 ページ

〈図を使って考える〉

1　ペットボトルのお茶が、12 ％増量して売られています。
増量後のお茶の量は 280 mL です。

増量前のお茶の量は何 mL か考えます。

① 　増量前のお茶の量を□ mL とします。

12 ％増量して 280 mL になったことを正しく表して
いる図は、㋐、㋑のどちらですか。記号で答えましょう。

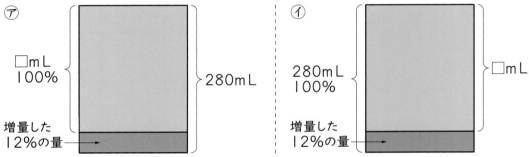

㋐　□mL 100%｝280mL　増量した 12%の量

㋑　280mL 100%｝□mL　増量した 12%の量

（　　　　　　　）

② 　100 ％にあたるものは、どんな量ですか。
このとき、増量後のお茶の量は何 ％にあたりますか。
また、その割合を小数で表しましょう。

100 ％にあたるもの　（　　　　　　　　　　　　　　）

増量後のお茶の量　（　　　　　　　　）　その割合　（　　　　　　）

③ 　量の関係を、下の図に表しました。□にあてはまる数を書きましょう。

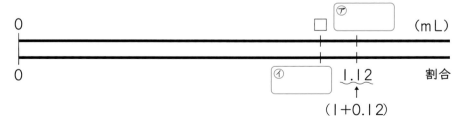

0　□　㋐　（mL）

0　㋑　1.12　割合
↑
（1＋0.12）

増量後のお茶の
量は、増量前の
お茶の量より
12 ％多いから…。

④ 　増量前のお茶の量を求めましょう。

式

答え　（　　　　　　　　）

2 ある手帳が、大きさ、ページ数は変えずに 16 % 軽量化され
て新たに発売されました。軽量化後の手帳の重さは 126 g です。
　軽量化前の手帳の重さは何 g ですか。

① 軽量化前の手帳の重さが 100 % にあたります。このとき、
軽量化後の手帳の重さは何 % にあたりますか。
　また、その割合を小数で表しましょう。

　　　　　　　　　軽量化後の手帳の重さ （　　　　　　　　）　　その割合 （　　　　　　　　）

② 軽量化前の重さを□ g としたとき、量の関係を正しく表している図は、㋐、㋑のどちらで
すか。記号で答えましょう。

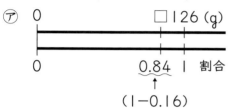

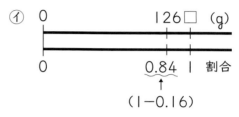

（　　　　　　　　）

③ 軽量化前の手帳の重さを求めましょう。
　式

軽量化後の手帳の重さは、
軽量化前の手帳の重さより
16 % 少ないね。

答え （　　　　　　　　）

3 あるお店でりんご 1 箱を、15 % びきのねだんで売っていました。
ねびき後のりんご 1 箱のねだんは 3060 円です。
　ねびき前のりんご 1 箱のねだんはいくらですか。ねびき前のねだん
を□円としてかいた下の図の □ にあてはまる数を書いて、求めま
しょう。

式

答え （　　　　　　　　）

123

まとめのテスト

5年のふくしゅう

数と計算

学習日　　　月　　　日

時間 20分　／100

合格 80点

教科書　下 124〜125 ページ　答え　46 ページ

1 次の問題に答えましょう。　各4点(40点)

① 74.3 は 7.43 を何倍にした数ですか。

（　　　　　　　）

② 74.3 を $\frac{1}{100}$ にした数を求めましょう。

（　　　　　　　）

③ 次の数を偶数と奇数に分けましょう。
2、3、9、14、38、101、483

偶数 （　　　　　　　）

奇数 （　　　　　　　）

④ 14 と 21 の公倍数を小さいほうから
順に 3 つ書きましょう。

（　　　　　　　）

⑤ 20 と 30 の公約数を、全部求めましょう。

（　　　　　　　）

⑥ 3÷8 の商を、分数で表しましょう。

（　　　　　　　）

⑦ 25 分は何時間ですか。分数で表しま
しょう。

（　　　　　　　）

⑧ 50 秒は何分ですか。分数で表しましょう。

（　　　　　　　）

⑨ $3\frac{2}{5}$ を小数で表しましょう。

（　　　　　　　）

⑩ 次の計算のうち、5 より大きくなるもの
はどれですか。

5×0.8　　5×1.12　　5×0.95

（　　　　　　　）

2 次の計算をしましょう。　各4点(16点)

① $\frac{3}{4}+\frac{1}{3}$　　② $\frac{5}{6}-\frac{2}{9}$

③ $1\frac{1}{5}+2\frac{2}{3}$　　④ $3\frac{1}{2}-1\frac{1}{8}$

3 次の計算をしましょう。わり算は、わり
きれるまでしましょう。　各4点(16点)

① 8.2×2.5　　② 5.67×0.12

③ 10.4÷1.6　　④ 2.4÷3.2

4 次の計算をしましょう。商は四捨五入し
て、上から 2 けたのがい数で求めましょう。

各4点(8点)

① 5.4÷3.7　　② 19.3÷8.6

5 1 m の重さが 950 g の鉄のぼうがあり
ます。この鉄のぼう 0.7 m の重さは何 g
ですか。　式・答え 各5点(10点)

式

答え （　　　　　　　）

6 13.5 m のリボンを 1.2 m ずつに分け
ます。何本できて、リボンは何 m あまり
ますか。　式・答え 各5点(10点)

式

答え （　　　　　　　）

5年のふくしゅう
図形

1 次の図形の面積を求めましょう。

式・答え 各4点(32点)

① 三角形

4cm
7cm

式

答え（　　　）

② 平行四辺形

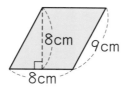

8cm
9cm
8cm

式

答え（　　　）

③ 台形

4cm
9cm
12cm

式

答え（　　　）

④ ひし形

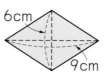

6cm
9cm

式

答え（　　　）

2 下のような形の体積を求めましょう。

式・答え 各4点(24点)

①

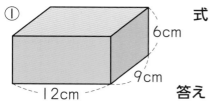

6cm
9cm
12cm

式

答え（　　　）

②

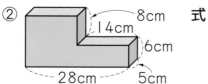

8cm
14cm
6cm
28cm
5cm

式

答え（　　　）

③

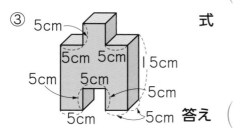

5cm
5cm　5cm
15cm
5cm　5cm
5cm
5cm　5cm

式

答え（　　　）

3 右の三角形と合同な三角形をかくのに、どの辺の長さをはかればよいですか。　(4点)

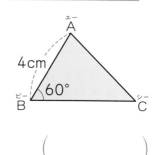

A
4cm
60°
B　　　　C

（　　　）

4 次の図の㋐、㋑の角度を計算で求めましょう。

式・答え 各5点(20点)

①

50°
135°
70°　㋐

式

答え（　　　）

②

30°
70°　㋑

式

答え（　　　）

5 円を利用して、正十角形をかきます。

②は式・答え 各4点(12点)

① 円の中心のまわりの角を何等分すればよいですか。

（　　　）

② 等分した1つ分の角度を求めましょう。

式

答え（　　　）

6 右の円柱について、底面の円周の長さを求めましょう。 式・答え 各4点(8点)

3.5cm

式

答え（　　　）

まとめのテスト

5年のふくしゅう

変化と関係

教科書　下 127〜128 ページ　　答え　48 ページ

1 次のともなって変わる 2 つの量で、○は□に比例していますか。　各8点(16点)

① たての長さが 6 cm、横の長さが□ cm、高さが 9 cm の直方体の体積

横の長さ□(cm)	1	2	3	4
体積　○(cm³)	54	108	162	216

（　　　　　）

② 120 m のひもを□人に同じ長さに分けるときの、1 人分の長さ○ m

人数　　□(人)	1	2	3	4
1 人分の長さ○(m)	120	60	40	30

（　　　　　）

2 1 日に平均何分間読書をしましたか。　式・答え 各7点(14点)

1 日の読書時間

曜日	日	月	火	水	木	金	土
時間(分)	80	20	30	50	0	40	60

式

答え（　　　　　）

3 つばささんが 50 m を 5 回走ったときの記録は、次のようでした。
8.7 秒、9.2 秒、8.9 秒、8.8 秒、8.9 秒
5 回の平均は何秒ですか。　式・答え 各7点(14点)

式

答え（　　　　　）

4 下の表は、沖縄県と静岡県の面積と人口を表しています。沖縄県と静岡県では、どちらがこんでいますか。　式・答え 各8点(16点)

沖縄県と静岡県の面積と人口(2021年)

	面積(km²)	人口(万人)
沖縄県	2282	149
静岡県	7777	369

式

答え（　　　　　）

5 次の問題に答えましょう。　各8点(24点)

① 時速 60 km で走る自動車が、3 時間に進む道のりは何 km ですか。

（　　　　　）

② 125 m の道のりを 25 秒で走る自転車の秒速は何 m ですか。

（　　　　　）

③ 分速 1.5 km で走る電車が、48 分間で進む道のりは何 km ですか。

（　　　　　）

6 □ にあてはまる数をかきましょう。　各8点(16点)

① 分速 150 m で走る人が 1 時間走ると、□ km 進む。

② 秒速 25 m で走る電車が 1 km 進むのに、□ 秒かかる。

データの活用

1 百分率で表した割合を、小数で表しましょう。　　各5点(20点)

① 7 %

（　　　　　　）

② 20 %

（　　　　　　）

③ 173 %

（　　　　　　）

④ 0.9 %

（　　　　　　）

2 □ にあてはまる数をかきましょう。　　各7点(21点)

① 6.8 m は、4 m の □ % です。

② 1.8 L の 35 % は、□ L です。

③ 60 円は、□ 円の 20 % です。

3 次の問題に答えましょう。　　式・答え 各7点(28点)

① 20 L をもとにするとき、14 L の割合を百分率で表しましょう。
式

答え（　　　　　　）

② 360 人の 15 % にあたる人数を求めましょう。
式

答え（　　　　　　）

4 下の円グラフは、ある山の木の数の割合を表したものです。　　各5点(10点)

ある山の木の数の割合

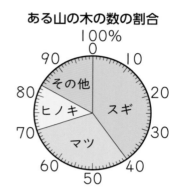

① マツの割合は、全体の何 % ですか。

（　　　　　　）

② スギとヒノキをあわせると、全体のおよそ何分の一ですか。

（　　　　　　）

5 下の図は、しゅんさんの学校で、ある日の給食に使った食品の重さの割合を帯グラフに表したものです。　　各7点(21点)

食品の重さの割合

牛乳	パン	野菜	魚	その他

0　10　20　30　40　50　60　70　80　90　100%

① 牛乳の重さの割合は、全体の何 % ですか。

（　　　　　　）

② 野菜の重さの割合は、全体の何 % ですか。

（　　　　　　）

③ パンの重さは、魚の重さの何倍ですか。

（　　　　　　）

この本の終わりにある「学力診断テスト」をやってみよう！

127

プログラミングを体験しよう！

正多角形をかく手順を考えよう

教科書 下130ページ　答え 49ページ

右の3つのことができるコンピューターを使って正多角形をかきます。

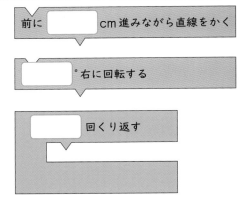

前に □ cm 進みながら直線をかく

□ °右に回転する

□ 回くり返す

1 1辺 10cm の正五角形をかく指示を考えます。□ にあてはまる数を書きましょう。

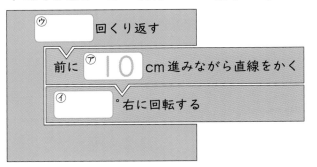

⑦ □ 回くり返す

前に ⑦ 10 cm 進みながら直線をかく

⑦ □ °右に回転する

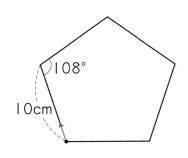

108°
10cm

回転する角度は、図のあの角度だね。

あ 108°

→ の方向に向かうように指示すればいいんだね。

2 1辺 3cm の正十角形をかく指示を考えます。□ にあてはまる数を書きましょう。

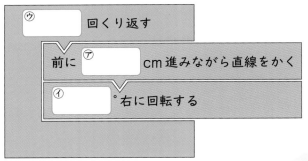

⑦ □ 回くり返す

前に ⑦ □ cm 進みながら直線をかく

⑦ □ °右に回転する

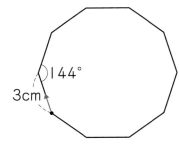

144°
3cm

正多角形は、辺の長さがすべて等しく、角の大きさもすべて等しいから、くり返せばいいね。

東京書籍版・小学算数5年

夏のチャレンジテスト

合格80点

／100

⏱時間 **40**分

月　　日

名前

教科書　上8〜83ページ

◎用意するもの…ものさし、コンパス、分度器

答え 50ページ

知識・技能

／70点

1 次の □ にあてはまる数を書きましょう。
各4点(8点)

① 90.5 は、0.905 を [　　　] 倍した数です。

② 90.5 は、9050 を [　　　] 分の1にした数です。

2 ( )の中の式で、積がかけられる数より小さくなるのはどちらですか。
(3点)

(2.8×1.3　2.8×0.9)

3 次の計算をしましょう。
各2点(8点)

①　3.6
　×2.1

②　4.2 3
　× 5.2

6 計算をしましょう。③は、商は一の位まで求め、あまりも出しましょう。④は、商は四捨五入して、上から2けたのがい数で求めましょう。
各2点(8点)

① 1.8)6.12

② 0.2)5.4

③ 4.2)17.5

④ 7.3)23.9

7 1辺が1cmの立方体を使って、右のような直方体を作りました。体積は何 cm³ ですか。
(4点)

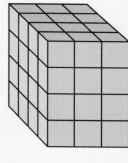

[　　　　　]

8 下の立方体や直方体の体積を、（　）の中の単位で求めましょう。

式・答え 各2点(8点)

① (m³)

3m
3m
3m

② (cm³)

80cm
60cm
4m

式

答え （　　　　　）

式

答え （　　　　　）

9 下の水そうの容積は何Ｌですか。

式・答え 各3点(6点)

20cm
45cm
30cm

式

答え （　　　　　）

---

③ 0.5 4
×　1.6

④ 0.3 5
×0.8 4

4 くふうして計算しましょう。

各2点(4点)

① 4×8.7×2.5

② 9.9×18

5 商が、16より大きくなるのはどれですか。
⑦～⑦の記号で答えましょう。

全部できて(3点)

⑦ 16÷0.8　　① 16÷1.25　　⑦ 16÷0.25

⑦ 16÷1.25

（　　　　　）

夏のチャレンジテスト（表）

↪ うらにも問題があります。

冬のチャレンジテスト

教科書 上84〜下62ページ

答え52ページ

時間 40分

合格80点 ／100

名前　　　　月　日

知識・技能

／80点

1 次の整数を、偶数と奇数に分けましょう。　全部できて 1問2点(4点)

2　5　8　31　78　210　651

偶数 （　　　　　　　　）

奇数 （　　　　　　　　）

2 （　）の中の数の公倍数を、小さい順に2つ求めましょう。また、最小公倍数を求めましょう。　公倍数は全部できて 1問2点(8点)

① (6、10)

公倍数 （　　　　　）

最小公倍数 （　　　　　）

② (15、20、60)

公倍数 （　　　　　）

最小公倍数 （　　　　　）

6 □にあてはまる不等号を書きましょう。　各2点(4点)

① $\dfrac{3}{4}$ □ 0.6

② 4.5 □ $\dfrac{23}{5}$

7 次の計算をしましょう。　各2点(12点)

① $\dfrac{5}{6} + \dfrac{1}{10}$

② $\dfrac{2}{3} - \dfrac{1}{5}$

③ $1\dfrac{1}{2} + \dfrac{1}{3} - \dfrac{1}{4}$

④ $3\dfrac{2}{3} - 2\dfrac{1}{6}$

⑤ $0.5 + \dfrac{1}{9}$

⑥ $\dfrac{2}{5} - 0.3$

8 ⑦あ、い、うの角度は何度ですか。計算で求めましょう。　各2点(6点)

①

大公約数を求めましょう。

① (42, 63)

公約数 ( )

最大公約数 ( )

② (12, 18, 24)　公約数は全部できて 1問2点(8点)

公約数 ( )

最大公約数 ( )

4 □にあてはまる数を書きましょう。　各1点(2点)

① $\dfrac{3}{7} = 3 \div$ □

② $\dfrac{13}{5} =$ □ $\div 5$

5 次の分数の中から、$\dfrac{1}{3}$ と大きさの等しい分数を全部見つけ、答えましょう。　全部できて (3点)

$\dfrac{2}{3}$　$\dfrac{1}{4}$　$\dfrac{10}{30}$　$\dfrac{6}{18}$　$\dfrac{3}{15}$

( )

---

① 45°　55°　あ

( )

② 70°　85°　130°　い

( )

③ 二等辺三角形　70°　う　各1点(2点)

( )

9 次の図形の面積を求めましょう。　各3点(9点)

① 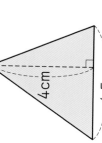 4cm　4.5cm

( )

冬のチャレンジテスト (表)

⑤ うらにも問題があります。

春のチャレンジテスト

教科書 下64〜121ページ

◎用意するもの…ものさし、分度器

知識・技能 ／70点

1 円を使って、正六角形をかきます。 各3点(6点)

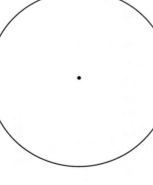

① 円の中心のまわりの角を、何度ずつに分ければよいですか。

（　　　）

② 右の円を使って、正六角形をかきましょう。

2 にあてはまることばや数を書きましょう。 各2点(4点)

① 円周の長さは、次の式で求められます。

円周＝ [　　　] × 円周率（えんしゅうりつ）

② 円周率は約 [　　　] です。

3 次の円周の長さを求めましょう。

式・答え 各3点(12点)

5 右のような角柱があります。 各2点(6点)

H　O　N
I　J　K　L　M
A　G　F　E
B　C　D

① この角柱は、何という角柱ですか。

（　　　）

② 面ABCDEFGに平行な面はどれですか。

（　　　）

③ 側面はどんな形ですか。

（　　　）

6 次の角柱や円柱の見取図の続きをかきましょう。 各2点(4点)

①

②

① 直径 _ m の円

式

答え

② 半径 3.5 cm の円

式

答え

4 次のような立体の名前を答えましょう。　各3点(12点)

① 　　②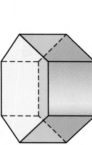

（　　　　）　　　　（　　　　）

③ 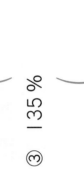　　④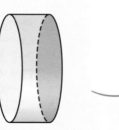

（　　　　）　　　　（　　　　）

7 小数で表した割合を、百分率で表しましょう。　各2点(8点)

① 0.52　　　　② 0.7

（　　　　）　　　（　　　　）

③ 0.654　　　④ 1.25

（　　　　）　　　（　　　　）

8 百分率で表した割合を、小数で表しましょう。　各2点(8点)

① 7%　　　　② 13%

（　　　　）　　　（　　　　）

③ 135%　　　④ 2.1%

（　　　　）　　　（　　　　）

↻ うらにも問題があります。

5年 学力診断テスト
算数のまとめ

名前

月 日

⏰時間 40分

合格80点

／100

答え56ページ

---

1 次の数を書きましょう。 各2点(4点)

① 0.68 を 100 倍した数

（　　　　　）

② 6.34 を $\frac{1}{10}$ にした数

（　　　　　）

2 次の計算をしましょう。④はわり切れるまで計算しましょう。 各2点(12点)

①
```
  0.2 3
×   1.9
```

②
```
    3.4
× 6.0 5
```

③
```
0.4 ) 6 2.4
```

④
```
4.8 ) 1 5.6
```

---

6 えん筆が 24 本、消しゴムが 18 個あります。えん筆も消しゴムもあまりが出ないように、できるだけ多くの人に同じ数ずつ分けます。 各3点(9点)

① 何人に分けることができますか。

（　　　　　）

② ①のとき、1人分のえん筆は何本で、消しゴムは何個になりますか。

えん筆（　　　　　）

消しゴム（　　　　　）

7 右のような台形ABCDがあります。

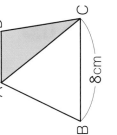

各3点(6点)

① 三角形ACDの面積は 12 cm² です。台形ABCDの高さは何 cm ですか。

（　　　　　）

② この台形の面積を求めましょう。

（　　　　　）

⑤ $\frac{2}{3} + \frac{8}{15}$　　⑥ $\frac{7}{15} - \frac{3}{10}$

3 次の数を、大きい順に書きましょう。

（全部できて 3点）

$\frac{5}{2}$、$\frac{3}{4}$、0.5、2、$1\frac{1}{3}$

（　　　　　　　　　）

4 次のあ～⑤の速さを、速い順に記号で答えましょう。

（全部できて 3点）

あ　秒速 15 m　　① 分速 750 m　　⑤ 時速 60 km

（　　→　　→　　）

5 次の問題に答えましょう。

各3点(6点)

① 9、12 のどちらでもわり切れる数のうち、いちばん小さい整数を答えましょう。

（　　　　　　　　　）

② 5年2組は、5年1組より1人多いそうです。5年2組の人数が偶数のとき、5年1組の人数は偶数ですか、奇数ですか。

（　　　　　　　　　）

8 右のような立体の体積を求めましょう。

(3点)

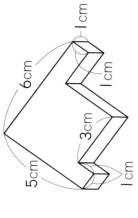

（　　　　　　　　　）

9 右のてん開図について答えましょう。

各3点(9点)

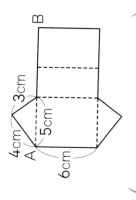

① 何という立体のてん開図ですか。

（　　　　　　　　　）

② この立体の高さは何 cm ですか。

（　　　　　　　　　）

③ ABの長さは何 cm ですか。

（　　　　　　　　　）

🔶 うらにも問題があります。

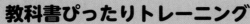

教科書ぴったりトレーニング

答えとてびき

東京書籍版　算数5年

問題がとけたら…
① まずは答え合わせをしましょう。
② 次にてびきを読んでかくにんしましょう。

おうちのかたへ では、次のようなものを示しています。
・学習のねらいやポイント
・他の学年や他の単元の学習内容とのつながり
・まちがいやすいことやつまずきやすいところ
お子様への説明や、学習内容の把握などにご活用ください。

しあげの5分レッスン では、
学習の最後に取り組む内容を示しています。
学習をふりかえることで学力の定着を図ります。

答え合わせの時間短縮に **丸つけラクラク解答** デジタルもご活用ください！

右の QR コードをスマートフォンなどで読み取ると、
赤字解答の入った本文紙面を見ながら簡単に答え合わせができます。

丸つけラクラク解答デジタルは以下の URL からも確認できます。
https://www.shinko-keirinwebshop.com/shinko/2024pt/rakurakudegi/MTS5da/index.html

※丸つけラクラク解答デジタルは無料でご利用いただけますが、通信料金はお客様のご負担となります。
※QR コードは株式会社デンソーウェーブの登録商標です。

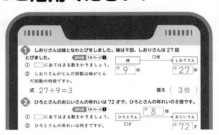

① 整数と小数

ぴったり1 準備　2ページ

1 (1)① 5　② 6　③ 1　④ 3
(2)⑤ 5　⑥ 6　⑦ 1　⑧ 3　⑨ 0.6　⑩ 0.01　⑪ 0.003
2 ① 右　② 472.1　③ 4721　④ 左　⑤ 4.721　⑥ 0.4721

ぴったり2 練習　3ページ　**てびき**

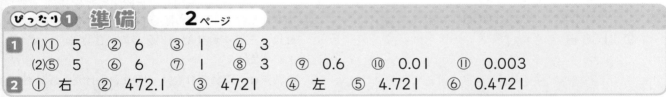

❶ ①⑦ 5　① 4　⑨ 3　① 2
　　⑦ 1
　②⑦ 2　① 0　⑨ 1　① 3
　　⑦ 5

❷ ① ＞　② ＜　③ ＞

❸ ① 8こ　② 402こ　③ 3600こ

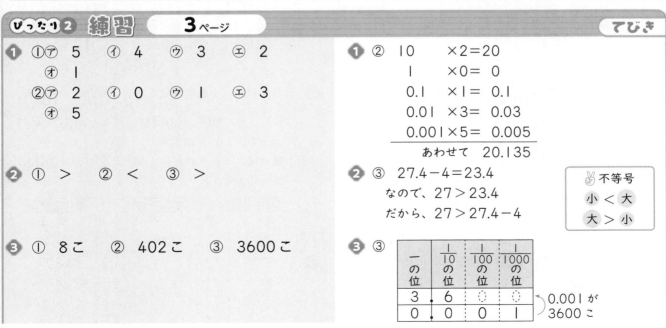

❶ ② 10　×2＝20
　　　1　×0＝ 0
　　　0.1　×1＝ 0.1
　　　0.01 ×3＝ 0.03
　　　0.001×5＝ 0.005
　　　あわせて　20.135

❷ ③ 27.4－4＝23.4
　　　なので、27＞23.4
　　　だから、27＞27.4－4

不等号
小 ＜ 大
大 ＞ 小

❸ ③

一の位	$\frac{1}{10}$の位	$\frac{1}{100}$の位	$\frac{1}{1000}$の位
3 .	6	0	0
0 .	0	0	1

↓0.001が3600こ

4 ① ㋐ 24.7 ㋑ 247 ㋒ 2470
  ② ㋐ 86.3 ㋑ 8.63 ㋒ 0.863

5 ① ㋐ 10倍 ㋑ 100倍 ㋒ 1000倍
  ② ㋐ $\frac{1}{10}$ ㋑ $\frac{1}{100}$ ㋒ $\frac{1}{1000}$

6 ① 41.3 ② 57300 ③ 381
  ④ 6.59 ⑤ 0.07164 ⑥ 0.138

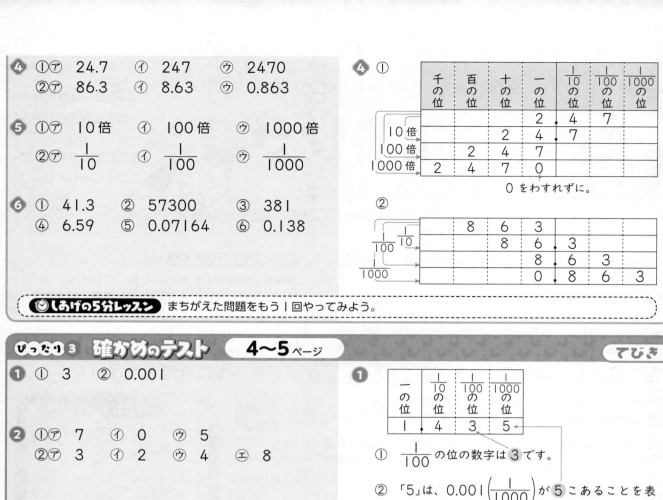

0 をわすれずに。

しあげの5分レッスン まちがえた問題をもう1回やってみよう。

ぴったり3 確かめのテスト　4～5ページ　てびき

1 ① 3 ② 0.001

2 ① ㋐ 7 ㋑ 0 ㋒ 5
  ② ㋐ 3 ㋑ 2 ㋒ 4 ㋓ 8

3 ① 3015こ ② 20000こ

4 ① 1000倍 ② 100000倍
  ③ 100倍

5 ① $\frac{1}{10}$ ② $\frac{1}{1000}$ ③ $\frac{1}{100}$

6 ① 72.9 ② 430 ③ 0.106
  ④ 0.0528

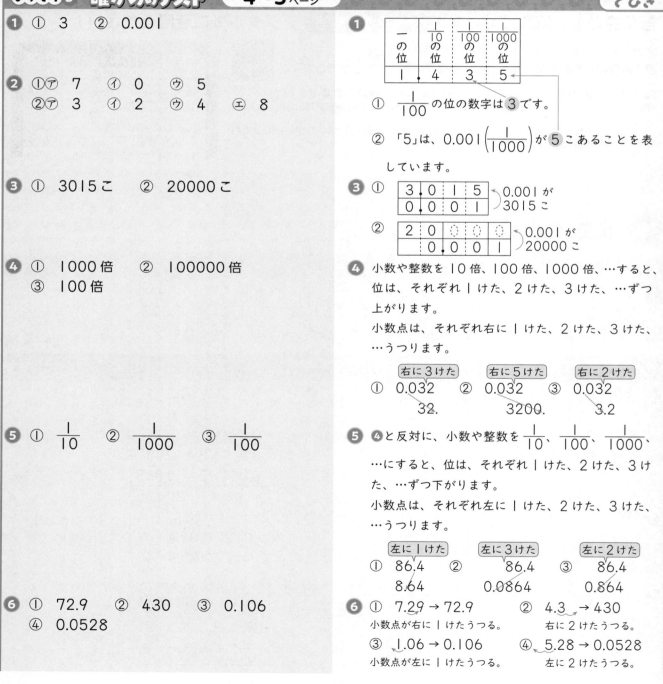

7 ① 423　② 380
③ 8250　④ 67.59
⑤ 0.074　⑥ 0.01286

8 ① 97.541　② 49.751

9 ① 2.468　② 8.642

8 ① 大きい数字を、上の位に置くと、大きな数でき ます。
② 50 より大きく、50 にいちばん近い数は、
51.479 ◁十の位に⑤、以下小さい順に置く。▷
50 より小さく、50 にいちばん近い数は、
49.751 ◁十の位に④、以下大きい順に置く。▷
この 2 つの数のうち、50 との差が小さい数が答えになります。

9 ⑧とちがい、小数点のカードもある問題です。
① 小さい数をつくるには、小数点のカードをなるべく上の位に置きます。いちばん上の位には置けないので、左から 2 番めに置きます。
□.□□□ あとは、小さい数字から順に左から置きます。
② ⑧.□□□ あとは、大きい数字から順に左から置きます。

② 直方体や立方体の体積

ぴったり① 準備　**6**ページ

1 (1) 3、3　(2) 2、2
2 (1) 3、5、2、30　(2) 4、4、4、64
3 ① 3　② 5　③ 2　④ 24　⑤ 40　⑥ 64

ぴったり② 練習　**7**ページ
てびき

1 ① 54 cm³　② 64 cm³

2 ① 2 cm³　② 2 cm³

3 ① 96 cm³　② 180 cm³
③ 343 cm³　④ 90000 cm³
⑤ 200000 cm³　⑥ 960000 cm³

4 ① 84 cm³　② 1790 cm³

1 ① 1 cm³ の立方体が、1 だんめに 3×6（こ）ならび、これが 3 だんあるので、全部の数は、
3×6×3＝54（こ）で、54 cm³

2 ① たてが 1 cm、横が 1 cm、高さが 0.5 cm の直方体を 2 つ合わせると、1 cm³ の立方体になります。
② 全部で 1 cm³ の立方体が 2 こ分です。

3 ✌長さの単位をそろえて、次の公式を使おう。
直方体の体積＝たて×横×高さ
立方体の体積＝1 辺×1 辺×1 辺

④ 1 m＝100 cm なので、
100×30×30＝90000（cm³）
⑥ 2 m＝200 cm なので、
60×200×80＝960000（cm³）

4 ① （例 1）下の図のように、前と後ろの 2 つの直方体に分けると、
4×6×3＋2×2×3＝84（cm³）

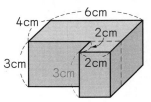

（例2）下の図のように、左と右の2つの直方体に分けると、

$4 \times 4 \times 3 + 6 \times 2 \times 3 = 84 (cm^3)$

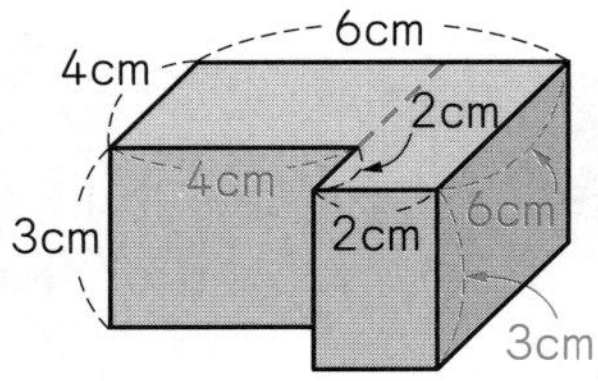

② （例）大きな直方体からへこんだところをひくと、

$10 \times 20 \times 10 - 10 \times 7 \times 3 = 1790 (cm^3)$

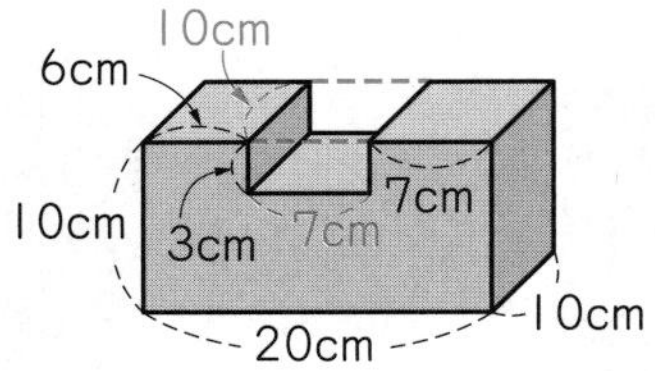

しあげの5分レッスン ❹について、別の方法で求めてみよう。

ぴったり1 準備 8ページ

1 (1)① 3 ② 3 ③ 3 ④ 27 ⑤ 27
(2)⑥ 2 ⑦ 6 ⑧ 4 ⑨ 48 ⑩ 48

2 ① 100 ② 100 ③ 100 ④ 100 ⑤ 100 ⑥ 100 ⑦ 1000000
⑧ 1000000

3 ① 30 ② 50 ③ 20 ④ 30 ⑤ 50 ⑥ 20 ⑦ 30000 ⑧ 30000
⑨ 30 ⑩ 30

ぴったり2 練習 9ページ　　**てびき**

1 ① 144 m³　② 125 m³　③ 96 m³

1 次の公式を使おう。
直方体の体積＝たて×横×高さ
立方体の体積＝1辺×1辺×1辺

① $6 \times 4 \times 6 = 144 (m^3)$
② $5 \times 5 \times 5 = 125 (m^3)$
③ $4 \times 8 \times 3 = 96 (m^3)$

2 ① 1000000　② 20000000
③ 4　　　　④ 6

2 ① $1 m^3 = 1000000 cm^3$
② 20 m³ は、
$1000000 \times 20 = 20000000 (cm^3)$
③ 4000000 cm³ は、
$4000000 \div 1000000 = 4 (m^3)$

3 ① たて…20 cm　横…50 cm
深さ…40 cm
② 40000 cm³
③ 40 L

3 ① 内のりは、
たて　$24 - 2 \times 2 = 20 (cm)$
横　　$54 - 2 \times 2 = 50 (cm)$
深さ　$42 - 2 = 40 (cm)$
② $20 \times 50 \times 40 = 40000 (cm^3)$
③ 40000 cm³ は、
$40000 \div 1000 = 40 (L)$

❹ ① 1000 　　② 8
　　③ 1 　　　　④ 1000

❺ ① 1 　　② 100 　　③ 1
　　④ 1 　　⑤ 1 　　　⑥ 1

🏠 **おうちのかたへ** 単位に関する問題は、子どもにとって抵抗が大きいものです。1mのものさしやテープなどを使って1m³の大きさを作らせるなどすると、イメージがわくでしょう。容積では、内のりを調べるとき、縦、横には厚さが2か所、深さには厚さが1か所含まれていることを見落としがちなので注意させましょう。

😊 **しあげの5分レッスン** ❷❹❺をもう一度おさらいしておこう。

ぴったり3 確かめのテスト 　**10〜11ページ** 　　　**てびき**

❶ ① 20こ分
　　② 20 cm³
❷ ①⑦ たて 　④ 横 　　⑦ 高さ
　　②⑦ 1辺 　④ 1辺 　⑦ 1辺
❸ ① 1000000 　② 7
　　③ 1000 　　④ 500
❹ ① 式 12×12×12=1728
　　　　　　　　　　答え 1728 cm³
　　② 式 6×8×4=192 　答え 192 m³
　　③ 式 100×30×120=360000
　　　　　　　　　　答え 360000 cm³
　　④ 式 5×12×8=480 　答え 480 m³
❺ 式 40×50×30=60000
　　60000 cm³=60 L 　　　答え 60 L

❻ 式 4×5×2=40 　　　答え 40 cm³

❼ 式 （例）20000 L＝20 m³
　　　2×5×□=20
　　　□=20÷10
　　　　=2 　　　　　　　答え 2 m

---

❹ ①

> ✌内のりのたて、横、深さがどれも10 cmの入れ物に入る水の量が1Lなので、
> 　1 L＝1000 cm³

　　② 8000 cm³は、
　　　8000÷1000=8（L）
　　③ 1 L=1000 mL、1 L=1000 cm³なので、
　　　1000 mL=1000 cm³になります。
　　　1 mL=1 cm³です。
　　④ 1 m³=1000000 cm³、1 L=1000 cm³
　　　なので、1 m³は、
　　　1000000÷1000=1000（L）
❺ ⑥ 1 m³=1000 L、1000 L=1 kL

---

❶ ① 1だんめに、2×5（こ）ならび、2だんあるので、
　　　全部の数は、2×5×2=20（こ）
❸ ② 7000000 cm³は、
　　　7000000÷1000000=7（m³）
　　④

> ✌1 L=1000 mL、1 L=1000 cm³なので、1 mL=1 cm³だね。

❹

> ✌長さの単位をそろえてから、❷の公式を使おう。

　　④ 1 m=100 cmなので、500 cm=5 m

❺ この水そうの内のりは、たて40 cm、横50 cm、深さ30 cmです。まず、何cm³かを求めます。1 L=1000 cm³であることを使います。

❻ この展開図を組み立ててできる直方体は、下の図のようになります。

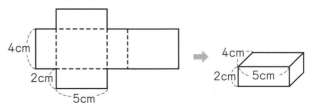

❼

> ✌1 m³=1000000 cm³、1 L=1000 cm³なので、1 m³=1000 L

　　20000 Lは、20000÷1000=20（m³）

8 ① だいすけ
6×3×3+6×10×7（＝474）
まお
6×7×7+6×3×10（＝474）
かんな
6×10×10−6×7×3（＝474）
② 474 cm³

8 ①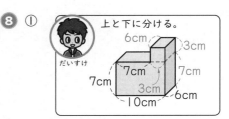
上と下に分ける。

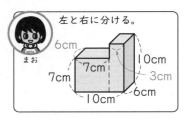
左と右に分ける。

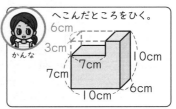
へこんだところをひく。

③ 比例

1 (1)① 12　② 18　③ 24　④ 30　⑤ 36　⑥ 2　⑦ 3　⑧ 2
　　⑨ 2　⑩ 3　⑪ 比例（ひれい）
　(2)⑫ 比例　⑬ 10　⑭ 10　⑮ 60

1 ① 比例している。　② 比例していない。
2 ① 140、210、280、350、420、490、560
　② ⑦ 2　④ 3　⑤ 2
　③ 比例している。
　④ 70×□＝○
　⑤⑰ 10　㊥ 10　② 10
　式　70×10=700　　答え　700円

1 ① □cm が 2 倍、3 倍、…になると、○cm も
　　2 倍、3 倍、…になっています。
　② □分間が 2 倍、3 倍、…になっても、○L は
　　2 倍、3 倍、…になっていません。
2 ⑤ ④の式で、□が 10 のときです。
　　代金は本数に比例しているので、本数が 10 倍に
　　なると、代金も 10 倍になります。

1 ① 30、60、90、120、150、180
　② 2 倍、3 倍、…になる。
　③ 比例している。
　④⑦ 15
　　式　30×15=450　　答え　450円

2 ① 比例していない。　② 比例している。

3 ① 図　0 15　　　　　□（円）

　　0 1　　　　8（まい）
　　式　15×8=120　　答え　120円

1 ④ 数直線の図で、⑦が 15 のときになります。
2 ① □人が 2 倍、3 倍、…になっても、○m は 2 倍、
　　3 倍、…になっていません。
　② □cm が 2 倍、3 倍、…になると、○cm³ も
　　2 倍、3 倍、…になっています。
3 ① 色画用紙□まいのときの代金を○円とします。

	3倍			2倍	
	2倍				
まい数□（まい）	1	2	3	4	5	6
代金 ○（円）	15	30	45	60	75	90
	2倍			2倍	
	3倍				

代金○円は、まい数□まいに比例しています。

② 図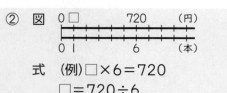

式　(例)□×6＝720
　　　□＝720÷6
　　　　＝120　　　　　答え　120円

❹ ① 4、8、12、16、20、24、28
② 比例している。
③ 4×□＝○　（□×4＝○）
④ 72 cm
⑤ 25 だん

② ボールペンの代金は、本数に比例しています。
　本数が 6 倍になれば、代金も 6 倍になること
　から、関係を式に表すと、□×6＝720

❹ ① 右の図のように、辺を動か
　すと、2 だんのときのまわり
　の長さは、1 辺の長さが
　2 cm の正方形のまわりの長
　さと等しくなります。

② ①の表から、だんの数□だんが 2 倍、3 倍、…
　になると、まわりの長さ○ cm も 2 倍、3 倍、…
　になっています。
④ ③の式で、□が 18 のときなので、
　4×18＝72(cm)
⑤ 1 m＝100 cm
　③の式で、○が 100 のときなので、
　4×□＝100　　□＝100÷4＝25

④ 小数のかけ算

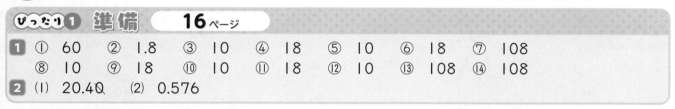

ぴったり1 準備　16ページ

❶ ① 60　② 1.8　③ 10　④ 18　⑤ 10　⑥ 18　⑦ 108
　⑧ 10　⑨ 18　⑩ 10　⑪ 18　⑫ 10　⑬ 108　⑭ 108
❷ (1) 20.40　(2) 0.576

ぴったり2 練習　17ページ　　　　　　　　　　てびき

❶ ⑦ 160　④ 10　⑦ 24　④ 384
　⑦ 160　④ 24　⑦ 10　⑦ 384
　　　　　　　　　　答え　384円

❶
0.1mのねだん

2.4 m の代金は、0.1 m のねだんの 24 倍なので、
2.4 m の代金を求める式は、
160×2.4＝160÷10×24

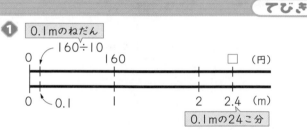

2.4 m の代金は、24 m の代金を 10 でわればよい
ので、2.4 m の代金を求める式は、
160×2.4＝160×24÷10

❷ 10、10、100、181.44　　答え　181.44g

❷ 32.4×5.6＝◯
　×10 ×10 ×100 ÷100
　324×56＝18144

❸ ① 990.6　② 990.6　③ 9.906

❸ ① 25.4×39
　＝(25.4×10)×39÷10＝254×39÷10
　③ 2.54×3.9
　＝(2.54×100)×(3.9×10)÷1000
　＝254×39÷1000

④ ① 6.417　② 35.67　③ 1058.4

⑤ ① 55.8　② 0.414

④ ①	②	③
2.7⑨	4.①	196
× 2.③	× 8.⑦	× 5.4
837	287	784
558	328	980
6.417	35.67	1058.4

⑤ ①
2
46.⑤
× 1.②
930
465
55.80 ← 右はしの0を消す。

②
0.②③
× 1.⑧
184
23
0.414 ← 一の位に0を書く。

おうちのかたへ 小数のかけ算は、筆算のしかたを機械的に覚え、計算練習をつむことに終始しがちです。小数をかける計算のしくみをしっかりと理解させてから計算練習を行わせたいものです。

ぴったり1　準備　18ページ

1 ① ＜　② ①、⑦
2 ① 2　② 1.5　③ 2.3　④ 6.9　⑤ 6.9
3 (1) 4、10　(2) 5.3、10

ぴったり2　練習　19ページ　**てびき**

1 ①

2 ① 1.02　② 0.24　③ 1

2 ③
1.②⑤
× 0.⑧
1.0⓪⓪ ← 小数点より右にあり、右はしから続く0を消す。

3 ① 1.44 cm²　② 0.56 m³

3 ① 1.2×1.2=1.44（cm²）
② 0.5×0.8×1.4=0.56（m³）

4 ① 9.2×2.5×4
＝9.2×(2.5×4)
＝9.2×10＝92
② 6.7×8×2.5
＝6.7×(8×2.5)
＝6.7×20＝134
③ 4×6.59×2.5
＝6.59×4×2.5
＝6.59×(4×2.5)
＝6.59×10＝65.9
④ 0.7×9.8+0.3×9.8
＝(0.7+0.3)×9.8
＝1×9.8＝9.8
⑤ 6.2×8.7+3.8×8.7
＝(6.2+3.8)×8.7
＝10×8.7＝87
⑥ 2.7×45−0.7×45
＝(2.7−0.7)×45
＝2×45＝90

4
✌ 式の形から使う計算のきまりを見つけよう。
⑦ ■×●＝●×■
① (■×●)×▲＝■×(●×▲)
⑦ (■+●)×▲＝■×▲+●×▲
④ (■−●)×▲＝■×▲−●×▲

①② 計算のきまり①を使います。
③ 計算のきまり⑦、①を使います。
④～⑥ 計算のきまり⑦や④を使います。
⑦ 25.6＝25+0.6 だから、計算のきまり⑦が使えます。
⑧ 9.5＝10−0.5 だから、計算のきまり④が使えます。

8

⑦　25.6×4
　　＝(25+0.6)×4
　　＝25×4+0.6×4
　　＝100+2.4＝102.4
⑧　9.5×12
　　＝(10−0.5)×12
　　＝10×12−0.5×12
　　＝120−6＝114

🏠 **おうちのかたへ**　小数のかけ算では、1より小さい数をかけると、「積＜かけられる数」となることをしっかりと理解させておきましょう。この理解が不十分だと、計算練習において、かけ算なのに、答えがかけられる数より小さくなってしまうことに疑問をもち、とまどってしまう恐れがあります。かけ算とは、かけられる数を1とみたとき、かける数にあたる大きさを求める計算のことです。

ぴったり3　確かめのテスト　20〜21ページ　てびき

1　①　6×0.9
　　②　2.4×0.7
　　③　0.4×0.8

2　①　5.55　　②　67.68　　③　96.672
　　④　604.8　　⑤　46.2　　⑥　912
　　⑦　0.2088　　⑧　1.17

3　①　2.5×6.3×8
　　＝6.3×2.5×8
　　＝6.3×(2.5×8)
　　＝6.3×20
　　＝126
　　②　3.9×5.4+6.1×5.4
　　＝(3.9+6.1)×5.4
　　＝10×5.4
　　＝54
　　③　9.4×5
　　＝(10−0.6)×5
　　＝10×5−0.6×5
　　＝50−3
　　＝47

4　①　式　5.2×12.5＝65　　答え　65 cm²
　　②　式　0.6×1.5×0.8＝0.72
　　　　　　　　　　　　　　答え　0.72 m³

1　👆積とかけられる数の大小は、
　　かける数＜1のとき、積＜かけられる数

2　③
```
      3 1.8    → 1けた
    ×  3.0 4   → 2けた
    -------
    1 2 7 2
    9 5 4
    ---------
    9 6.6 7 2  ← 3けた
```
　　⑦
```
      0.7 2
    × 0.2 9
    -------
      6 4 8
    1 4 4
    -------
    0.2 0 8 8
```
　　⑧
```
      0.2 6
    ×   4.5
    -------
      1 3 0
    1 0 4
    -------
    1.1 7 0
```

3　✌計算のきまりの■、●、▲にあてはめる数を
　　考えてから、計算しよう。
　　㋐　■×●＝●×■
　　㋑　(■×●)×▲＝■×(●×▲)
　　㋒　(■+●)×▲＝■×▲+●×▲
　　㋓　(■−●)×▲＝■×▲−●×▲

　　①　計算のきまり㋐、㋑の順に使います。
　　②　計算のきまり㋒を使います。
　　③　9.4＝10−0.6だから、計算のきまり㋓が使えます。

4　①　長方形の面積＝たて×横　の公式に、数をあてはめます。
　　②　直方体の体積＝たて×横×高さ　の公式に、数をあてはめます。

9

⑤ ① 式　95×8.4＝798　　　　答え　798円
　　② 式　5.9×7.3＝43.07　答え　43.07kg

⑥ 35.5

⑤ ①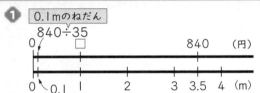

ホースの代金は、長さに比例しているので、長さが8.4倍になると、代金も8.4倍になります。

⑥ ある数を□とすると、14.2＋□＝16.7
　　□＝16.7−14.2＝2.5
　　正しい答えは、　14.2×2.5＝35.5

⑤ 小数のわり算

ぴったり① 準備　22 ページ

❶ ① 80　② 1.6　③ 16　④ 16　⑤ 16　⑥ 10　⑦ 50
　⑧ 10　⑨ 10　⑩ 10　⑪ 10　⑫ 16　⑬ 50　⑭ 50

❷ (1) 1.6　(2) 0.6　(3) 2.5

ぴったり② 練習　23 ページ　　　　　　　　　　　　てびき

❶ ⑦ 840　④ 35　⑦ 10　④ 240
　⑦ 840　④ 10　⑦ 35　⑦ 240
　　　　　　　　　　　答え　240円

❶ 0.1mのねだん
840÷35

3.5mの代金は、0.1mのねだんの35倍なので、1mのねだんを求める式は、
840÷3.5＝840÷35×10

35mの代金は、3.5mの代金の10倍なので、1mのねだんを求める式は、
840÷3.5＝840×10÷35

❷ 10、0.7　　　　　　　　答え　0.7kg

❷ 2.94÷4.2＝◯
　×10 ×10　　等しい
　29.4÷42＝0.7

❸ ① 6.5　② 6.5　③ 6.5

❸ ② 3.51÷0.54
　＝(3.51×100)÷(0.54×100)＝351÷54

❹ ① 1.7　② 2.8　③ 5

❹ ①
```
         1.7
4.8 ) 8.1.6
      4 8
      3 3 6
      3 3 6
          0
```
②
```
         2.8
1.5 ) 4.2.0
      3 0
      1 2 0
      1 2 0
          0
```

⑤ ① 0.7　　② 0.75　　③ 2.5

⑤ ②
```
      0.75
6.8)5.1.0 ◄── 51.0と
   476        考える。
    340
    340
      0
```
③
```
      2.5
1.6)4.0.0
   32
    80
    80
     0
```

❶ ①　＜　　②　①、⑦
❷ (1)　3、0.9　　(2)　4、1.1　　(3)　43、0.6
　　(検算)(1)　2.6、3、0.9、8.7　　(2)　4.2、4、1.1、17.9　　(3)　5.8、43、0.6、250

てびき

❶ ⑦、⑦
❷ ①　78　　②　5.35　　③　22.5

❶ わる数＜1のとき、商＞わられる数
❷ ①
```
      78
0.2)15.6
   14
    16
    16
     0
```
②
```
       5.35
0.8)4.2.8
   40
    28
    24
     40
     40
      0
```
③
```
      22.5
0.4)9.0
   8
   10
    8
    20
    20
     0
```

❸ 3　　　　　　　　　　　　　答え　約2.1
❹ ①　式　4.7÷0.6＝7あまり0.5
　　　答え　7個に入れられて、0.5Lあまる。
　　②　0.6×7＋0.5(＝4.7)

❺ ①　2あまり0.5　　②　3あまり2.2
　　③　86あまり6.2

❸ 4.8÷2.3＝2.0̇8̇…
❹ ①　全体(4.7Lのお茶)をいくつかずつ(0.6Lずつ)に分ける場合、いくつかずつにあたる数が小数でも、わり算の式をたてることができます。
　　②　わる数×商＋あまり　を計算して、結果がわられる数になるかを調べます。
❺ ①
```
      2
4.3)9.1
   86
    5
```
②
```
       3
6.2)20.8
    186
     22
```
あまりの小数点の位置
③
```
       86
8.3)720.0
   664
    560
    498
     62
```

11

① ①、④

② ① 8　② 0.48　③ 7.25
**　④ 9.5　⑤ 0.25　⑥ 7.5**

③ ① 4.2　② 2.5　③ 3.1

④ ① 1 あまり 2.5　② 5 あまり 4.2
**　③ 31 あまり 0.3**

⑤ 式　68.6÷3.5＝19.6　　答え　19.6 g

⑥ ① 式　5.4÷1.2＝4.5　　答え　4.5 kg
**　② 式　(例) 1.2 m＝120 cm**
**　　　　　120÷5.4＝22.2…**
**　　　　　　　　　　答え　約 22 cm**

⑦ 式　19.6÷3.2＝6 あまり 0.4
**　　　　　答え　6 本とれて、0.4 m あまる。**

⑧ 最も大きくなるもの…④
**　最も小さくなるもの…④**

---

① わる数＜1 のとき、商＞わられる数

②
```
⑤        0.25          ⑥          7.5
  9.6) 2.4.0             2.4) 18.0
        192                    168
        480                    120
        480                    120
          0                      0
```

③
```
②        2.54          ③            1
  1.7) 4.3.3            9.4) 3.0.9
        34                   29.1
        93                   282
        85                   900
         80                  846
         68                   54
         12
```

④ あまりの小数点は、わられる数のもとの小数点にそろえてうちます。
```
②         5           ③           31
  4.6) 27.2             8.7) 270.0
        230                   261
        4.2                    90
                               87
                              0.3
```

⑤
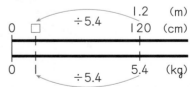

```
0      □              68.6  (g)
0      1              3.5   (m)
```

⑥ ①
```
                    ÷1.2
0              □   5.4  (kg)
0              1  1.2   (m)
                    ÷1.2
```

② この鉄のぼう 1 kg の長さを□cm として、
1.2m＝120cm から求めます。
```
              ÷5.4
                1.2   (m)
0     □        120   (cm)
0     1         5.4  (kg)
              ÷5.4
```

また、この鉄のぼう 1 kg の長さを□m として求め
て、最後に cm になおしてもよいです。
1.2÷5.4＝0.22…
0.22 m＝22 cm

⑦ テープの本数は整数なので、商は一の位まで求めて、あまりも出します。

⑧ わる数が小さいほど、商は大きくなります。
・わる数が最も小さい数 0.09 のとき、商は最も大きくなります。
・わる数が最も大きい数 3.4 のとき、商は最も小さくなります。

小数の倍

ぴったり1 準備　**28**ページ

1 (1) 12、1.25、1.25　　(2) 12、15、0.8、0.8

2 ① 2　　② 8　　③ 1.8　　④ 4　　⑤ 1.8　　⑥ 7.2　　⑦ 1　　⑧ 0.7
　 ⑨ 0.7　　⑩ 2.8

ぴったり2 練習　**29**ページ

てびき

1 ① 1.5倍　　② 2倍　　③ 0.75倍

1 ①
| 0 | 4.8 | 7.2 | (kg) |
$7.2 \div \underline{4.8}$
もとにする大きさ
$=1.5$（倍）

②
| 0 | 4.8 | 9.6 (kg) |
$9.6 \div \underline{4.8}$
もとにする大きさ
$=2$（倍）

③
| 0 | 7.2 | 9.6 (kg) |
$7.2 \div \underline{9.6}$
もとにする大きさ
$=0.75$（倍）

2 ① 0.4倍　　② 2.5倍

2 ① $0.6 \div \underline{1.5} = 0.4$（倍）
　　もとにする大きさ
　② $1.5 \div \underline{0.6} = 2.5$（倍）
　　もとにする大きさ

3 ① 6m　　② 7.2m　　③ 2.1m

3 Aのロープの長さ3mをもとにする大きさとして
考えます。
① $3 \times 2 = 6$(m)
② $3 \times 2.4 = 7.2$(m)
③ $3 \times 0.7 = 2.1$(m)

4 24.7m

4 マンションの高さをもとにする大きさとします。
マンションの高さを1とみたとき、ビルの高さは、
1.3にあたる高さなので、
$19 \times 1.3 = 24.7$(m)

ぴったり1 準備　**30**ページ

1 ① 0.4　　② 240　　③ 240　　④ 0.4　　⑤ 600　　⑥ 600

2 ① 250　　② 0.8　　③ 450　　④ 500　　⑤ 0.9　　⑥ クッキー　　⑦ クッキー

ぴったり2 練習　**31**ページ

てびき

1 式　(例)たての長さを□mとすると、
　　　□×1.8=43.2
　　　□=43.2÷1.8
　　　　=24　　　　　　　　答え　24m

2 式　(例)とうまさんの使ったリボンの長さを
　　　□mとすると、
　　　□×0.8=2
　　　□=2÷0.8
　　　　=2.5　　　　　　　答え　2.5m

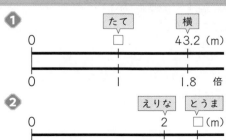

❸ 式　（例）B町の面積を□km²とすると、

　　　　□×0.7＝18.9

　　　　□＝18.9÷0.7

　　　　　＝27　　　　　　　　　　答え　27 km²

❹ 1.1、120、80、1.5、かんジュース

❸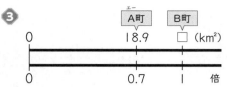

❹ 2000年のねだんを、もとにする大きさとします。2000年のねだんを1とみたとき、2020年のねだんにあたる数が大きいほうが、ねだんの上がり方が大きいといえます。

・まんがの本

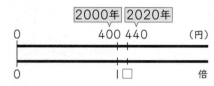

440÷400＝1.1（倍）

・かんジュース

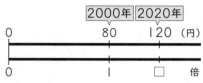

120÷80＝1.5（倍）

よって、かんジュースのほうが、ねだんの上がり方が大きいといえます。

⏱ しあげの5分レッスン　まちがえた問題をもう1回やってみよう。

ぴったり3 確かめのテスト　**32〜33ページ**　　　**てびき**

❶ ①　式　2.4÷1.5＝1.6　　　答え　1.6倍

　　②　式　0.6÷1.5＝0.4　　　答え　0.4倍

❷ 5倍　22.5 kg

　　2.9倍　13.05 kg

　　0.4倍　1.8 kg

❸ ①　4.8 dL　　②　3.2 dL

❹ ⑦　12　　①　1　　⑦　3.6

　　式　12×3.6＝43.2　　　　答え　43.2 km²

❺ ⑦　8.4　　①　0.3　　⑦　1

　　式　（例）大きい犬の体重を□kgとすると、

　　　　□×0.3＝8.4

　　　　□＝8.4÷0.3

　　　　　＝28　　　　　　　　　答え　28 kg

❶ やかんに入る水の量が、もとにする大きさです。

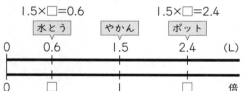

❷ もとにする大きさは4.5 kgです。

　　5倍　　4.5 ×5＝22.5（kg）

　　2.9倍　4.5 ×2.9＝13.05（kg）

　　0.4倍　4.5 ×0.4＝1.8（kg）

❸ もとにする大きさは4 dLです。

　　①　4 ×1.2＝4.8（dL）

　　②　4 ×0.8＝3.2（dL）

❹ 大きい犬の体重がもとにする大きさになるので、図の□kgを1とみます。

14

⑥ ㋐ 7.5　　㋑ 0.6　　㋒ I
　式　(例) I L のガソリンで□km 走れるとすると、
　　　□×0.6＝7.5
　　　□＝7.5÷0.6
　　　　＝12.5　　　　　　　答え　12.5 km
⑦ 式　(例)□×1.2＝1.5
　　　□＝1.5÷1.2
　　　　＝1.25　　　　　　　答え　1.25 km
⑧ ゼリー

⑥ I L のガソリンで走れる道のりを求めるので、図の□km を I L とします。

⑦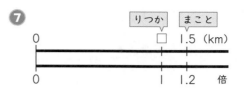

⑧ 2000 年のねだんを、もとにする大きさとします。2000 年のねだんを I とみたとき、2020 年のねだんにあたる数が大きいほうが、ねだんの上がり方が大きいといえます。
　・ゼリー

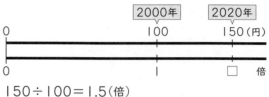

　　150÷100＝1.5(倍)
　・マフィン

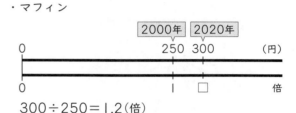

　　300÷250＝1.2(倍)
よって、ゼリーのほうが、ねだんの上がり方が大きいといえます。

6 合同な図形

ぴったり1 準備　　34ページ

1　㋒、㋒
2　H、F、G　(1) E F、G　(2) 1.8、75
3　合同

ぴったり2 練習　　35ページ

てびき

① ㋑(と)㋓

② ① 辺CD…辺EH　角A…角G
　② 辺EF…1.5 cm　角H…60°

③ I 本の対角線をひいてできる 2 つの三角形
　(×)、○、○、(○)、○
　2 本の対角線をひいてできる 4 つの三角形
　×、×、○、×、○

⏰しあげの5分レッスン　合同な図形の対応する辺と対応する角を確かめよう。

① ㋐と㋙は、形 (正三角形) は同じですが、大きさがちがいます。

② いちばん長い辺は、辺ＡＤと辺ＧＨ、いちばん小さい角は、角Ｄと角Ｈだから、対応する頂点は、ＡとＧ、ＢとＦ、ＣとＥ、ＤとＨです。

1 (例) BC、AC、C
2 ① BCD ② 3 ③ AD ④ 2 ⑤ ABD

てびき

1 ① (例)

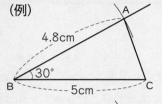

②

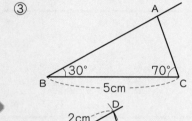

③

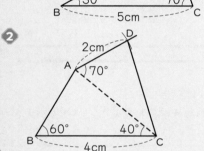

2

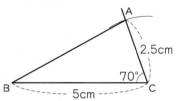

1 ① 辺BCと辺ACの長さと、その間の角の大きさを使ってかく方法もあります。

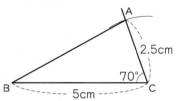

③ 角Bと角Cは、どちらを先にかいてもよいです。

2 まず、三角形ABCをかきます。
次に、角Aの大きさが70°、辺ADの長さが2cmになるように、三角形ACDをかきます。

しあげの5分レッスン かけなかった図形をもう1回かいてみよう。

てびき

1 ⑦、⑤

2 ① 辺GF
② 角H
③ 4.5cm
④ 100°

3 ① 三角形CBD
② 3個

1 直角の角をつくる辺の長さが、それぞれ等しい三角形を見つけます。

2 いちばん小さい角は、角Aと角E、90°の角は、角Dと角Fだから、頂点A、B、C、Dに対応する頂点は順に、頂点E、H、G、Fとなります。

3 ① 三角形ABDをうら返すと、三角形CBDと重なります。

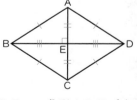

② 三角形ABEと合同な三角形は、三角形CBE、三角形CDE、三角形ADEです。

④ ① （例）

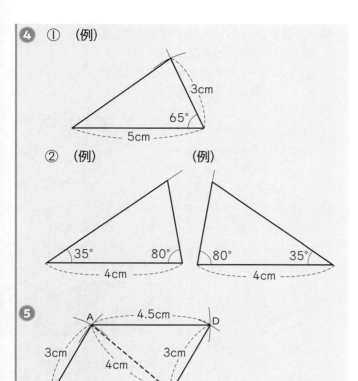

3cm
65°
5cm

② （例）　　　　　（例）

35° 80°
4cm

80° 35°
4cm

⑤
A ──4.5cm── D
3cm　　　3cm
4cm
B ──4.5cm── C

⑥ ① 辺ＡＢ
　② 角Ｃ

⑦ ① ×
　② ×
　③ ○

⑤ まず、三角形ＡＢＣをかきます。
次に、辺ＡＤの長さが4.5cm、辺ＣＤの長さが
3cmになるように、三角形ＡＣＤをかきます。

⑥ 🖖合同な三角形をかくには、次の辺の長さや
角の大きさがわかればいいね。
・２つの辺とその間の角
・１つの辺とその両はしの２つの角
・３つの辺

① 角Ｂが、辺ＢＣともう１つの辺の間の角にな
ればよいです。
② 辺ＢＣの両はしの２つの角の大きさがわかれ
ばよいです。

⑦ ① 大きさがちがう三角形になることがあります。

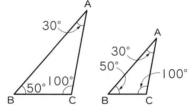

A
30°
50° 100°
B C

A
30°
50°
100°
B C

② 頂点Ａが２つできてしまいます。

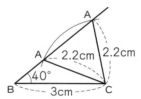

A
2.2cm 2.2cm
A
40°
B ──3cm── C

③ 辺ＡＢと辺ＡＣの長さが等しい二等辺三角形だ
から、角Ｂと角Ｃの大きさは等しくなります。

⑦ 図形の角

1 (1) 180、40、65、65
　(2)① 180　② 15　③ 45　④ 120　⑤ 120　⑥ 60　⑦ 60
　　（②45　③15でもよい。）
2 360、90、115、115
3 3、3、540、540

❶ ① 45°　② 20°　③ 40°　④ 80°

❶ ① 180−(65+70)=45
② 180−(25+135)=20
③ 二等辺三角形の２つの角の大きさは等しいので、
　(180−100)÷2=40
④ ⓔのとなりの角度は、
　180−(55+25)=100
　ⓔの角度は、180−100=80

2 ① 125° ② 100°

3 ① 七角形 ② 900°

4 ① ⓘ ② ⓐ

2 ① 360－(70＋100＋65)＝125
② ⓘのとなりの角度は、
360－(120＋60＋100)＝80
ⓘの角度は、180－80＝100

3 ② 1つの頂点から対角線を
ひくと、5つの三角形に分
けられます。
7つの角の大きさの和は、
180×5＝900

4 四角形の4つの角の大きさの和が360°であるこ
とを使います。ⓔの頂点(•印)に、四角形の角がす
べて集まるように、同じ長さの辺をつけてならべて
いくと、下の図のようになります。

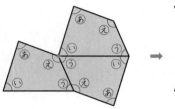 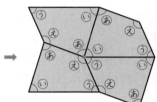

•印のまわりに、ⓐ、ⓘ、ⓤ、ⓔの4つの角が集ま
るので、•印のまわりの角は、360°になり、すき
まなくしきつめられます。

---

1 180°

2 ① 2つ
② 360°

3 ① 多角形
②ⓐ 3 　ⓘ 4 　ⓤ 5
ⓔ 540° 　ⓞ 720° 　ⓚ 900°

4 ① 式 180－(35＋110)＝35
　　　　　　　　答え 35°
② 式 180－(60＋75)＝45
　　180－45＝135 　答え 135°

1 3つの角を1つの点に集めると、一直線になるので、
3つの角の大きさの和は180°です。

2 ① 1つの頂点から、対角線が
1本ひけて、2つの三角形に
分けられます。

② 4つの角の大きさの和は、三角形が2つ分の
角の大きさの和になるから、180×2＝360

3 ②

五角形 　　六角形 　　七角形

ⓔ 五角形は、3つの三角形に分けられるから、
5つの角の大きさの和は、180×3＝540
ⓞ 六角形は、4つの三角形に分けられるから、
6つの角の大きさの和は、180×4＝720
ⓚ 七角形は、5つの三角形に分けられるから、
7つの角の大きさの和は、180×5＝900

4 ✌三角形の3つの角の大きさの和は180°で
あることを使うよ。

② まず、ⓘのとなりの角度を求めます。

18

⑤ ① 式　360－(85＋70＋60)＝145
　　　　　　　　　　　　　答え　145°
　② 式　360－(65＋90＋85)＝120
　　　　180－120＝60　　　答え　60°

⑥ 式　(例)180－45＝135　　答え　135°

⑦ 式　(例)(360－60×2)÷2＝120
　　　120－60＝60　　　　答え　60°

⑧ ①⑦　180　　①　4　　⑦　720
　　⑤　720
　②⑦　180　　①　6　　⑦　360
　　⑤　720　　②　720

⑤ ✌四角形の4つの角の大きさの和は360°であることを使うよ。

　② まず、⑥のとなりの角度を求めます。

⑥ 直角二等辺三角形の⑤の角
　度は45°です。
　色をつけた三角形の3つの
　角の和は180°だから、
　⑤＋⑥＝180－45＝135

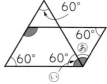

⑦ 平行四辺形の向かい合った
　角の大きさは等しいから、
　⑥の角度は、
　(360－60×2)÷2＝120

⑧ ① 多角形の角の大きさの和は、1つの頂点からひいた対角線で三角形に分ければ、180°×(分けた三角形の数)で求めることができます。
　② 多角形の中に1点をとり、そこから頂点に直線をかき加えてできた三角形の数をもとに、180°×(できた三角形の数)－360°で求めることもできます。

🏠 おうちのかたへ　三角形の3つの角の大きさの和は180°であることを使うと、多角形の内角の大きさの和を求めることができます。多角形をどのように三角形に分けていけば求めることができるか家庭でもしっかり指導しておくことが深い学びにつながっていきます。

✌しあげの5分レッスン　まちがえた問題をもう1回やってみよう。

⑧ 偶数と奇数、倍数と約数

ぴったり1　準備　　**44**ページ

1 2、2、1
　○で囲む数…0、2、4、6、8、10、12、14、16、18、20
　□で囲む数…1、3、5、7、9、11、13、15、17、19
2 (1) 奇数、11、1　　(2) 偶数、12
　(3) 偶数、28　　　　(4) 奇数、38、1

ぴったり2　練習　　**45**ページ　　　　　　　　てびき

❶ 偶数…0、12、26、98、100
　奇数…5、39、43、71、87

❷ ① 3、偶数　　② 3、奇数
　③ 21、奇数　　④ 22、偶数

❸ ① 132
　② 321

❶ ✌2でわりきれるかどうかは、一の位の数字でわかるよ。
　偶数　0、2、4、6、8
　奇数　1、3、5、7、9

❷ ②、③の式の＋1は、2でわりきれないことを表しています。

❸ ① 偶数なので、一の位の数字は2です。
　大きい位の数字が小さいほうが、整数は小さくなるので、百の位の数字は1です。

② 奇数なので、一の位の数字は１または３です。

大きい位の数字が大きいほうが、整数は大きくなるので、百の位の数字は３です。

④ 図に表すと、偶数は、●● だけで表されます。

奇数は、２でわったときのあまり１（●）があります。

２つの数の図を合わせたときに、●が残るかどうかで考えます。

③ ２つの奇数の図を合わせると、

となり、あまりの●は残らないので、偶数になります。

④ ① 偶数（ぐうすう）
② 奇数
③ 偶数

ぴったり1 準備 46 ページ

1 ① 5　② 10　③ 15　④ 20　⑤ 25
2 ① 20　② 20　③ ×　④ ×　⑤ ×　⑥ ×　⑦ ○　⑧ ×
　⑨ ○　⑩ ×　⑪ ○　⑫ 10　⑬ 20　⑭ 30　⑮ 10
3 ① ×　② ○　③ ×　④ ×
　⑤ ×　⑥ ○　⑦ ×　⑧ ○　⑨ 20

ぴったり2 練習 47 ページ　　てびき

1 9、27、63、108

2 ２の倍数…2、4、6、8、10、12、14
　３の倍数…3、6、9、12、15
　２と３の公倍数…6、12

3 ① 6、12、18、24、30
　② 14、28、42、56、70
　③ 20、40、60、80、100
　④ 45、90、135、180、225

4 ① 36　② 8

5 ① 60分後
　② 8時20分

しあげの5分レッスン 3 4 について、まちがえた問題を、倍数を書き出してもう１回やってみよう。

1 9の倍数は、9に整数をかけてできる数です。

2 ✌２の倍数は、２でわりきれる数だから、偶数だね。０は倍数に入れないよ。

3 ✌公倍数は、最小公倍数の倍数になっているよ。
　① 6の倍数　　　　6、12、18、…
　　3の倍数かどうか　○　○　○　…

　　✌6は３の倍数だから、6の倍数は、３と6の公倍数になっているね。

　④ 15の倍数　　　　15、30、45、…
　　9の倍数かどうか　×　×　○　…
　　9と15の公倍数は、最小公倍数45の倍数になります。

4 ① 12の倍数　　　　12、24、36、…
　　9の倍数かどうか　×　×　○　…
　　4の倍数かどうか　○　○　○　…

5 ① 6と15と20の最小公倍数を考えます。

ぴったり1 準備 48 ページ

1 5、15
2 ① 3　② 6　③ 9　④ 3　⑤ 4　⑥ 6　⑦ 8　⑧ 12
　⑨ 3　⑩ 6　⑪ 9　⑫ ○　⑬ ○　⑭ ×　⑮ 3　⑯ 6　⑰ 6
3 ① ○　② ○　③ ×　④ ○　⑤ ○　⑥ ×　⑦ 4

1 ① 1、2、4
② 1、3、7、21

2 10の約数…1、2、5、10
16の約数…1、2、4、8、16
10と16の公約数…1、2

3 ① 公約数…1、3
最大公約数…3
② 公約数…1、2、4
最大公約数…4

4 4

5 ① 6
② 8

6 1cmのとき63本、3cmのとき21本、
9cmのとき7本

3 公約数は、最大公約数の約数になっているよ。

② 20の約数　　　1、2、4、5、10、20
32の約数かどうか　○ ○ ○ × × ×

4 12の約数　　　1、2、3、4、6、12
16の約数かどうか　○ ○ × ○ × ×
24の約数かどうか　○ ○ ○ ○ ○ ○

5 ② 8の約数　　　1、2、4、8
24の約数かどうか　○ ○ ○ ○
40の約数かどうか　○ ○ ○ ○

8は24と40の約数だから、8の約数は、8と24と40の公約数になっているよ。

6 1本分の長さを表す数は、27と36の公約数
1、3、9になります。

1 偶数…38、74、96
奇数…19、27、43、51

2 ① 公倍数…40、80
最小公倍数…40
② 公倍数…60、120
最小公倍数…60

3 ① 公約数…1、5
最大公約数…5
② 公約数…1、2、4、8
最大公約数…8

4 1個を8列、2個を4列、
4個を2列、8個を1列

5 ① 60cm
② 30まい

6 ① 8cm
② 30まい

7 ① 14人
② みかんの個数…2個
バナナの本数…3本

1 偶数は2でわりきれる整数、奇数は2でわりきれない整数だったね。

2 公倍数は、いちばん大きい数の倍数を求めて見つけるといいよ。

② 15の倍数　　　15、30、45、60、…
6の倍数かどうか　× ○ × ○ …
4の倍数かどうか　× × × ○ …
公倍数は、最小公倍数60の倍数になります。

3 公約数は、いちばん小さい数の約数を求めて見つけるといいよ。

② 16の約数　　　1、2、4、8、16
32の約数かどうか　○ ○ ○ ○ ○
40の約数かどうか　○ ○ ○ ○ ×

4 1列にならべるご石の個数と列の数の積は8です。1列にならべるご石の個数と列の数は、どちらも8の約数になります。

5 ① 正方形の1辺の長さを表す数は、10と12の最小公倍数になります。
② 長方形の紙は、たてに60÷10=6（まい）、横に60÷12=5（まい）ならびます。

6 ① 正方形の色板の1辺の長さを表す数は、40と48の最大公約数になります。
② 色板は、たてに40÷8=5（まい）、横に48÷8=6（まい）ならびます。

7 ① 分ける人数を表す数は、28と42の最大公約数になります。
② 1人分のみかんの個数は、28÷14=2（個）バナナの本数は、42÷14=3（本）です。

8 8と10の最小公倍数は40なので、40分後に同時に発車することがわかります。

8時25分の40分後は9時5分です。

⏱ しあげの5分レッスン まちがえた問題をもう1回やってみよう。

9 分数と小数、整数の関係

ぴったり1 準備 52ページ

1 (1)① 3　② 3　③ 5　(2)④ 5　⑤ 5　⑥ 3

2 (1) 5、6、$\frac{5}{6}$　(2) 6、$\frac{7}{6}$

ぴったり2 練習 53ページ

てびき

1 ① $\frac{2}{9}$　② $\frac{6}{13}$　③ $\frac{7}{4}$

　④ $\frac{8}{3}$　⑤ $\frac{13}{9}$　⑥ $\frac{11}{15}$

2 ① 2　② 2　③ 4　④ 9

3 ① $\frac{7}{3}$倍$\left(2\frac{1}{3}倍\right)$

　② $\frac{15}{8}$倍$\left(1\frac{7}{8}倍\right)$

　③ $\frac{9}{4}\left(2\frac{1}{4}\right)$　④ $\frac{4}{9}$

4 ① $\frac{17}{12}$倍$\left(1\frac{5}{12}倍\right)$　② $\frac{12}{17}$倍

1 2 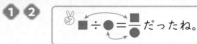 ✌ ■÷● = $\frac{■}{●}$ だったね。

3 ① $7÷3=\frac{7}{3}$（倍）

　② $15÷8=\frac{15}{8}$（倍）

　③ $9÷4=\frac{9}{4}$

　④ $4÷9=\frac{4}{9}$

4 ① 牛にゅうのかさが、もとにする大きさだから、

　　$17÷12=\frac{17}{12}$（倍）

　② ジュースのかさが、もとにする大きさだから、

　　$12÷17=\frac{12}{17}$（倍）

ぴったり1 準備 54ページ

1 (1)① 2　② 5　③ 0.4

　(2)④ $\frac{1}{4}$　⑤ 1　⑥ 4　⑦ 0.25　⑧ 1.25　⑨ 5　⑩ 5　⑪ 4　⑫ 1.25

2 (1)① 10　② 7　③ 10　(2)④ 100　⑤ 123　⑥ 100

3 1、$\frac{9}{1}$

ぴったり2 練習 55ページ

てびき

1 ① 0.2　② 3.5　③ 3.75

　④ 2　⑤ 1.8　⑥ 2.125

2 ① ＞　② ＞　③ ＜

3 ① (例)$\frac{4}{10}$　② (例)$\frac{7}{100}$　③ (例)$\frac{26}{100}$

　④ (例)$\frac{19}{10}$　⑤ (例)$\frac{148}{100}$　⑥ (例)$\frac{501}{100}$

1 分子÷分母の商を計算します。

2 分数を小数で表して、大小を比べます。

　① $\frac{1}{4}=1÷4=0.25$ だから、$0.25>0.2$

　② $\frac{7}{5}=7÷5=1.4$ だから、$1.6>1.4$

　③ $2\frac{1}{2}=2+\frac{1}{2}$　$\frac{1}{2}=1÷2=0.5$

　　$2\frac{1}{2}=2.5$ だから、$2.4<2.5$

4
	⑦		⑦		⑦	
①	⑦ 1		⑦ 2		⑦ 1	
②	⑦ 8		⑦ 8		⑦ 1	
③	⑦ 14		⑦ 14		⑦ 1	

3 ⑥ $0.01 = \dfrac{1}{100}$ の 501 こ分だから、$\dfrac{501}{100}$

4 ■＝■÷1 の式で表すと、整数は 1 を分母とする分数で表すことができます。

ぴったり3 **確かめのテスト** 【56～57ページ】 **てびき**

1 ① $\dfrac{7}{3}$ ② $\dfrac{15}{4}$

③ $\dfrac{5}{13}$ ④ $\dfrac{18}{25}$

2 ① 17 ② 16

3 ① 7、9、$\dfrac{7}{9}$

② 20、9、$\dfrac{20}{9}\left(2\dfrac{2}{9}\right)$

4 ① 1.375 ② 5 ③ 2.6

5 ① (例)$\dfrac{8}{10}$ ② (例)$\dfrac{132}{100}$ ③ (例)$\dfrac{6}{1}$

6 ① ＜ ② ＝ ③ ＞

7 1、5、2÷5、$\dfrac{2}{5}$、正しくない

8 ① 式 $8÷25=\dfrac{8}{25}$ 答え $\dfrac{8}{25}$ 倍

② 0.32 倍

---

1 2 ✌ わる数が分母、わられる数が分子になるね。

$$■÷● = \dfrac{■}{●}$$

3 もとにする大きさは、白のテープの長さ 9 m です。
① 9 m を 1 とみたとき、青のテープの長さ 7 m がいくつにあたるかを求める式は、7÷9
② 9 m を 1 とみたとき、赤のテープの長さ 20 m がいくつにあたるかを求める式は、20÷9

4 分子÷分母の商を計算します。

① $\dfrac{11}{8} = 11÷8 = 1.375$

② $\dfrac{35}{7} = 35÷7 = 5$

③ $2\dfrac{3}{5} = 2 + \dfrac{3}{5}$

$\dfrac{3}{5} = 3÷5 = 0.6$ だから、$2\dfrac{3}{5} = 2.6$

または、$2\dfrac{3}{5} = \dfrac{13}{5} = 13÷5 = 2.6$

5 ③ $6 = 6÷1 = \dfrac{6}{1}$

6 分数を小数で表して、大小を比べます。

① $\dfrac{8}{5} = 8÷5 = 1.6$ だから、1.6＜1.7

② $1\dfrac{3}{4} = 1 + \dfrac{3}{4}$　$\dfrac{3}{4} = 3÷4 = 0.75$

$1\dfrac{3}{4} = 1.75$ だから、1.75＝1.75

③ $\dfrac{1}{8} = 1÷8 = 0.125$ だから、0.125＞0.12

7

8 ①

② $\dfrac{8}{25} = 8÷25 = 0.32$

考える力をのばそう

❶ ①

	昨日まで	1日め（今日）	2日め	3日め	4日め	5日め	6日め
とうま（ページ数）	42	45	48	51	54	57	60
ひまり（ページ数）	0	6	12	18	24	30	36
差（ページ数）	42	39	36	33	30	27	24

② 3ページ

③ 3、3、14　　　　　　　　　　答え　14日め

❶ ③　最初にあった差の42ページが0ページまでちぢまる日数は、最初の差を、1日でちぢまるページ数でわれば求められます。

❷

	去年	1月	2月	3月	4月
ゆき（円）	3000	3250	3500	3750	4000
りき（円）	1500	1900	2300	2700	3100
差（円）	1500	1350	1200	1050	900

式　3000−1500＝1500
　　1500÷（400−250）＝10　　答え　10月

❷ 最初の差は、3000−1500＝1500（円）です。
1か月で、400−250＝150（円）ずつちぢまるから、差が0円になるまでの月数は、
1500÷150＝10（か月）

❸ ①

	昨日まで	1日め（今日）	2日	3日	4日
南側（m）	60	68	76	84	92
北側（m）	0	10	20	30	40
和（m）	60	78	96	114	132

② 18m

③ 18、18、10　　　　　　　　　答え　10日

❸ ③　北側を造り始めたとき、
あと240−60＝180（m）造れば、南側と北側がつながります。
南側と北側がつながるのにかかる日数は、この長さを、1日ごとに増える橋の長さでわれば求められます。

❹

	去年	1月	2月	3月	4月
はるか（円）	600	780	960	1140	1320
妹（円）	0	120	240	360	480
和（円）	600	900	1200	1500	1800

式　3000−600＝2400
　　2400÷（180+120）＝8　　答え　8月

❹ 妹が貯金を始めたとき、ゲームソフトを買うのに必要な金額は、あと3000−600＝2400（円）でした。
1か月で、180+120＝300（円）ずつ増えるから、和が2400円になるまでの月数は、
2400÷300＝8（か月）

活用　算数で読みとこう

❶ ① 6379人

② （例）2020年のデータがないので、2021年に急に減少したかどうかはわからない。

③⑦　このデータからはわからない

　④　正しくない

❷ ① 17人

② （上から順に）8、2、6、0、35

③ （例）平日の勉強時間が30分未満で、今より勉強時間を増やしたいと答えた人

④ （例）平日の勉強時間が1時間未満の人のうち、半数以上が今より勉強時間を増やしたいと答えている。

❶ ①　折れ線グラフの2021年の人数を見ます。

③⑦　2020年のデータがないので毎年人口が減少しているかどうかはわかりません。

　④　西区の2017年の人口は1910人、2019年の人口は1549人で減少しています。

❷ ①　データ2の⑦と④より、
8+9＝17（人）

③　質問1で①、質問2で⑪と答えた人です。

⑩ 分数のたし算とひき算

1　① 3　② 2　③ 1　④ 6
2　(1)① 5　② 5　③ 20
　　(2)④ 2　⑤ 2　⑥ 9
3　① 3　② 4　③ 3　④ 4

　　　　　てびき

1　①⑦ 4　④ 1　⑦ 5　⊕ 6
　　②⑦ 6　④ 8　⑦ 7　⊕ 8
　　③⑦ 5　④ 2　⑦ 8　⊕ 3
　　　⑦ 8

2　① 30、45　② 3、40

3　① (例)$\frac{6}{10}$、$\frac{9}{15}$

　　② (例)$\frac{3}{2}$、$\frac{6}{4}$

4　① $\frac{2}{5}$　② $1\frac{3}{4}\left(\frac{7}{4}\right)$　③ 5

5　⑦、⑦、⊕

しあげの5分レッスン まちがえた問題をもう1回やってみよう。

1　数直線を使って、計算する分数と大きさの等しい分数を調べ、分母が同じになるものを見つけます。

2　②
$$\frac{12}{20} = \frac{\Box}{5} = \frac{24}{\Box}$$
（÷4、×2）

3　② $\frac{9}{6} = \frac{3}{2}$ だから、$\frac{3}{2}$ をもとにして、大きさの等しい分数を求めます。

4　③ $\frac{60}{12} = \frac{5}{1}$

最大公約数が見つけられないときは、公約数でくり返しわっていこう。

5　約分すると、⑦、⑦、⊕ $\frac{5}{4}$　④ $\frac{9}{8}$　⑦ $\frac{7}{6}$

1　① 6　② 15　③ 5　④ 15　⑤ 6　⑥ 5
2　① 6　② 5　③ 11　④ 15
3　(1)① 2　② 1　③ 3　④ 1
　　(2)⑤ 20　⑥ 9　⑦ 11
4　① 9　② 4　③ 10　④ 3　⑤ 1　⑥ 4

　　　　　てびき

1　① ＞　② ＜　③ ＝

1　① $\frac{7}{14} > \frac{6}{14}$　② $\frac{20}{45} < \frac{21}{45}$

　　③ $1\frac{15}{36} = 1\frac{15}{36}$

② ① $\dfrac{7}{28}$、$\dfrac{20}{28}$

② $\dfrac{12}{16}$、$\dfrac{9}{16}$

③ $\dfrac{12}{30}$、$\dfrac{35}{30}$、$\dfrac{9}{30}$

③ ① $\dfrac{34}{35}$　② $\dfrac{3}{4}$　③ $\dfrac{17}{12}\left(1\dfrac{5}{12}\right)$

④ $\dfrac{1}{12}$　⑤ $\dfrac{1}{5}$　⑥ $\dfrac{13}{18}$

④ ① $\dfrac{29}{24}\left(1\dfrac{5}{24}\right)$　② $\dfrac{19}{30}$　③ $\dfrac{1}{9}$

⑤ 式　$\dfrac{11}{12}-\dfrac{13}{15}=\dfrac{1}{20}$

　　　　　答え　青のリボンが $\dfrac{1}{20}$ m 長い。

② ③　3つの分母の最小公倍数を分母とします。

> ✌最小公倍数は、次のように求めたね。
> | 10の倍数 | 10、20、30、… |
> | 6の倍数かどうか | × × ○ … |
> | 5の倍数かどうか | ○ ○ ○ … |

③　答えが約分できるときは、約分します。

⑤　$\dfrac{7}{10}-\dfrac{1}{2}=\dfrac{7}{10}-\dfrac{5}{10}=\dfrac{2}{10}=\dfrac{1}{5}$

④ ③　$\dfrac{11}{12}-\dfrac{5}{9}-\dfrac{1}{4}$

$=\dfrac{33}{36}-\dfrac{20}{36}-\dfrac{9}{36}=\dfrac{4}{36}=\dfrac{1}{9}$

⑤　まず、通分して大小を比べると、

$\dfrac{13}{15}=\dfrac{52}{60}$、$\dfrac{11}{12}=\dfrac{55}{60}$ だから、$\dfrac{13}{15}<\dfrac{11}{12}$

> 🏠 おうちのかたへ　分数のたし算やひき算では、分母が異なっていても分母と分子をそれぞれ計算してしまう誤答がよく見られます。分母をそろえて計算しているか注意して見ていきましょう。いくつかの分数を通分するには、分母の公倍数を見つけてそれを分母とする分数になおせばよいことをしっかり教えておきましょう。

ぴったり1　準備　66ページ

1 ① 15　② 20　③ 2　④ 19　⑤ 6　⑥ 7　⑦ 24　⑧ 35　⑨ 59

2 (1)① 5　② 10　③ 4　④ 10　⑤ 9　⑥ 10

　⑦ 0.5　⑧ 0.4　⑨ 0.9

　(2)⑩ 4　⑪ 12　⑫ 3　⑬ 12　⑭ 1　⑮ 12

ぴったり2　練習　67ページ　てびき

1 ① $3\dfrac{9}{10}\left(\dfrac{39}{10}\right)$　② $4\dfrac{5}{8}\left(\dfrac{37}{8}\right)$

③ $1\dfrac{5}{6}\left(\dfrac{11}{6}\right)$　④ $2\dfrac{5}{28}\left(\dfrac{61}{28}\right)$

⑤ $1\dfrac{7}{10}\left(\dfrac{17}{10}\right)$　⑥ $1\dfrac{1}{4}\left(\dfrac{5}{4}\right)$

2 ① $\dfrac{27}{20}\left(1\dfrac{7}{20}、1.35\right)$　② $\dfrac{13}{20}(0.65)$

③ $\dfrac{17}{20}(0.85)$　④ $\dfrac{13}{20}(0.65)$

⑤ $\dfrac{1}{8}(0.125)$　⑥ $\dfrac{7}{10}(0.7)$

3 ① $\dfrac{29}{35}$　② $\dfrac{43}{36}\left(1\dfrac{7}{36}\right)$　③ $\dfrac{2}{3}$

4 式 $1.5+\dfrac{1}{3}=\dfrac{11}{6}\left(1\dfrac{5}{6}\right)$　答え　$\dfrac{11}{6}\left(1\dfrac{5}{6}\right)$L

1

> ✌計算のしかたは2通りあったね。
> ・帯分数のまま通分する。
> ・仮分数になおしてから通分する。

② ・$3\dfrac{3}{8}+1\dfrac{1}{4}=3\dfrac{3}{8}+1\dfrac{2}{8}=4\dfrac{5}{8}$

・$3\dfrac{3}{8}+1\dfrac{1}{4}=\dfrac{27}{8}+\dfrac{5}{4}=\dfrac{27}{8}+\dfrac{10}{8}=\dfrac{37}{8}$

⑥ ・$1\dfrac{11}{12}-\dfrac{2}{3}=1\dfrac{11}{12}-\dfrac{8}{12}=1\dfrac{3}{12}=1\dfrac{1}{4}$

・$1\dfrac{11}{12}-\dfrac{2}{3}=\dfrac{23}{12}-\dfrac{2}{3}=\dfrac{23}{12}-\dfrac{8}{12}=\dfrac{15}{12}=\dfrac{5}{4}$

2

> ✌分数にそろえると、いつでも計算できるよ。

③ $\dfrac{7}{10}+0.15=\dfrac{7}{10}+\dfrac{3}{20}=\dfrac{14}{20}+\dfrac{3}{20}=\dfrac{17}{20}$

⑥ $1.2-\dfrac{1}{2}=\dfrac{6}{5}-\dfrac{1}{2}=\dfrac{12}{10}-\dfrac{5}{10}=\dfrac{7}{10}$

3 ② $0.75+\dfrac{4}{9}=\dfrac{3}{4}+\dfrac{4}{9}=\dfrac{27}{36}+\dfrac{16}{36}=\dfrac{43}{36}$

4 $1.5+\dfrac{1}{3}=\dfrac{3}{2}+\dfrac{1}{3}=\dfrac{9}{6}+\dfrac{2}{6}=\dfrac{11}{6}$

$1.5+\dfrac{1}{3}=1\dfrac{1}{2}+\dfrac{1}{3}=1\dfrac{3}{6}+\dfrac{2}{6}=1\dfrac{5}{6}$

> ⏱しあげの5分レッスン　まちがえた問題をもう1回やってみよう。

1 (1)① 5　② 1　③ 12　④ 12　⑤ 5　⑥ 5　⑦ 12
(2)⑧ 6　⑨ 1　⑩ 10　⑪ 10　⑫ 3　⑬ 3　⑭ 10

てびき

1 ① $\frac{1}{6}$　② $\frac{1}{20}$　③ $\frac{4}{15}$　④ $\frac{11}{12}$

⑤ $\frac{5}{4}\left(1\frac{1}{4}\right)$　⑥ $\frac{7}{3}\left(2\frac{1}{3}\right)$

2 ① $\frac{1}{5}$　② $\frac{1}{4}$　③ $\frac{3}{20}$　④ $\frac{7}{12}$

⑤ $\frac{4}{3}\left(1\frac{1}{3}\right)$　⑥ $\frac{3}{2}\left(1\frac{1}{2}\right)$

3 ① $\frac{13}{30}$ 時間

② 図書館

1 1時間を60等分した何こ分かで考えます。

③ 60等分した16こ分と考えて、$\frac{16}{60}$ 時間。

2 1分を60等分した何こ分かで考えます。

③ 60等分した9こ分と考えて、$\frac{9}{60}$ 分。

3 ① 1時間を60等分した26こ分。

てびき

1 ① 6、25
② 9、24

2 ① $\frac{5}{6}$　② $\frac{5}{2}$　③ $1\frac{2}{5}\left(\frac{7}{5}\right)$

3 ① ＜　② ＝　③ ＞

4 ① $\frac{18}{15}$、$\frac{8}{15}$　② $\frac{6}{24}$、$\frac{20}{24}$、$\frac{9}{24}$

5 ① $\frac{4}{5}$　② $\frac{7}{6}\left(1\frac{1}{6}\right)$

6 ① $\frac{9}{10}$　② $3\frac{9}{20}\left(\frac{69}{20}\right)$　③ $4\frac{1}{6}\left(\frac{25}{6}\right)$

7 ① $\frac{1}{3}$　② $\frac{17}{40}$　③ $1\frac{13}{30}\left(\frac{43}{30}\right)$

8 ① $\frac{11}{24}$　② $\frac{7}{36}$

9 ① $\frac{11}{8}\left(1\frac{3}{8}、1.375\right)$　② $\frac{1}{45}$

10 式 $\frac{5}{18}+\frac{7}{12}=\frac{31}{36}$　　　答え $\frac{31}{36}$ L

11 ア…5、イ…3
ア…7、イ…6

1 ②
$$\underset{\underset{×6}{÷3}}{\overset{\overset{÷3}{×6}}{\frac{12}{27}=\frac{4}{\boxed{9}}=\frac{\boxed{24}}{54}}}$$

3 通分して、分子の大小を比べます。

① $\frac{20}{36}<\frac{21}{36}$　② $2\frac{12}{18}=2\frac{12}{18}$

③ $1.8=1\frac{4}{5}$ だから、$1\frac{25}{30}>1\frac{24}{30}$

5 ① 1時間を60等分した48こ分。

6 ③・$1\frac{1}{2}+2\frac{2}{3}=1\frac{3}{6}+2\frac{4}{6}=3\frac{7}{6}=4\frac{1}{6}$

・$1\frac{1}{2}+2\frac{2}{3}=\frac{3}{2}+\frac{8}{3}=\frac{9}{6}+\frac{16}{6}=\frac{25}{6}$

7 ③・$2\frac{5}{6}-1\frac{2}{5}=2\frac{25}{30}-1\frac{12}{30}=1\frac{13}{30}$

・$2\frac{5}{6}-1\frac{2}{5}=\frac{17}{6}-\frac{7}{5}=\frac{85}{30}-\frac{42}{30}=\frac{43}{30}$

8 ② $\frac{10}{9}-\frac{3}{4}-\frac{1}{6}=\frac{40}{36}-\frac{27}{36}-\frac{6}{36}=\frac{7}{36}$

9 小数を分数で表して計算します。

① $\frac{5}{8}+0.75=\frac{5}{8}+\frac{3}{4}=\frac{5}{8}+\frac{6}{8}=\frac{11}{8}$

11 $\frac{\boxed{ア}}{12}+\frac{1}{\boxed{イ}}+\frac{1}{4}=1$ だから、

$\frac{\boxed{ア}}{12}+\frac{1}{\boxed{イ}}=1-\frac{1}{4}=\frac{3}{4}=\frac{9}{12}$

$\frac{\boxed{ア}}{12}$ は約分できない分数で $\frac{9}{12}$ より小さいので、

$\boxed{ア}$ にあてはまる数は1、5、7です。

ア	1	5	7
$\frac{1}{イ}$	$\frac{8}{12}=\frac{2}{3}$ ×	$\frac{4}{12}=\frac{1}{3}$ ○	$\frac{2}{12}=\frac{1}{6}$ ○

⓫ 平均

ぴったり1 準備 72ページ

1 ① 18　② 26　③ 13　④ 5　⑤ 19　⑥ 19　（①〜③の順番はちがってもよい。）

2 (1)① 125　② 30　③ 125　④ 30　⑤ 3750　⑥ 3750
　　(2)⑦ 125　⑧ 2000　⑨ 125　⑩ 2000　⑪ 2000　⑫ 125
　　⑬ 16　⑭ 16

ぴったり2 練習 73ページ　　**てびき**

1 式　$(90+30+40+60+20+50+60)$
　　　　$÷7=50$　　　　答え　50分間

2 ① 式　$50×30=1500$　答え　1500分間
　　② 式　（例）$50×□=1000$
　　　　　　$□=1000÷50$
　　　　　　　$=20$　　　　答え　20日間

3 式　$(8+4+0+5+2)÷5=3.8$
　　　　　　　　　答え　3.8人

4 $(24.16+24.14)÷2=24.15$
　　　　　　　　　答え　24.15m

2 ①
```
0 50                          □（分）
├──────────────────────────┤
0 1                          30（日）
```
　②
```
0 50          1000            （分）
├──────────────────────────┤
0 1           □              （日）
```

3 水曜日の0人もふくめます。
> ✌ $(8+4+5+2)÷4$ としないこと。

4 > ✌ 目的によっては、ほかと大きくちがう記録をのぞいて平均を求めることがあるよ。

失敗した1回めの記録をのぞいて平均を求めます。

ぴったり3 確かめのテスト 74〜75ページ　　**てびき**

1 ① 合計、個数
　　② 式　$(280+360+320+290)÷4$
　　　　　$=312.5$　　　答え　312.5g

2 ① 式　$(15+20+12+16+24)÷5$
　　　　　$=17.4$　　　　答え　17.4人
　　② 式　$(0+16+10+10+12+5+10)÷7$
　　　　　$=9$　　　　答え　9分間

3 ① 式　$0.4×365=146$　答え　146kg
　　② 式　（例）$0.4×□=10$
　　　　　　$□=10÷0.4$
　　　　　　　$=25$　　　答え　25日間

4 $(20.3+19.8+21.2+20.7)÷4=20.5$
　　　　　　　　　答え　20.5cm

5 ① 6.49m
　　② 約0.65m

6 ① 式　$17×4=68$
　　　　　$68-(19+15+18)=16$
　　　　　　　　　答え　16題以上
　　② 正しくない。
　　　正しい式…
　　　$(15+16+20+19+15+18+18)÷7$

1 > ✌ 平均＝合計÷個数　だよ。

2 ② 0分の日曜日もふくめます。
> ✌ $(16+10+10+12+5+10)÷6$ としないこと。

3 ②
```
0 0.4                      10  （kg）
├──────────────────────────┤
0 1                        □  （日）
```

5 ① $(6.5+6.48+6.49)÷3=6.49$（m）
　　② ①より10歩で歩いた長さの平均が6.49mなので、歩はばは、
　　　　　　　　　　5
　　　$6.49÷10=0.649$（m）

6 ① 平均＝合計÷個数より、まず4回の平均が17題のときの合計を求めます。
　　② 先週と今週の回数がちがうので、正しくありません。
　　　平均を求める式の「合計」は、先週と今週の7回の合計の題数で、「回数」は7回になります。
　　　先週と今週の平均を使って、正しい式をつくることもできます。
　　　$(17×3+17.5×4)÷7$
　　　　先週の合計　今週の合計

28

12 単位量あたりの大きさ

ぴったり1 準備　76ページ

1　① B　② C　③ C　④ B　⑤ A
　　⑥ 12　⑦ 8　⑧ 1.5　⑨ 多い　⑩ C　⑪ C
　　⑫ 8　⑬ 12　⑭ 0.66…　⑮ せまい　⑯ C　⑰ C

ぴったり2 練習　77ページ　　　てびき

1　① 式　1組…82÷8＝10.25
　　　　　2組…69÷6＝11.5
　　　　　答え　1組…10.25個、2組…11.5個
　　② 式　1組…8÷82＝0.0975…
　　　　　2組…6÷69＝0.0869…
　　　　　　　　答え　1組…約0.098 m²、
　　　　　　　　　　　2組…約0.087 m²
　　③ 2組

2　① 式　(例)1 m²あたりの人数は、
　　　　　A…18÷240＝0.075
　　　　　B…15÷180＝0.0833…
　　　　　　　　　答え　公園B(のすな場)
　　② 式　0.075×200＝15　　　答え　15人

1　② わりきれないときは、四捨五入して、上から2
けたのがい数にします。
　③ ならした1 m²あたりの球根の数で比べるとき
は、球根の数が多い2組のほうがこんでいます。
　　ならした球根1個あたりの面積で比べるとき
は、面積がせまい2組のほうがこんでいます。

> ✌ 1 m²あたりの数で比べると、
> こんでいるほど数が大きくなるから、
> わかりやすいよ。

2　① ならした1 m²あたりの人数が多いほうがこん
でいます。
　　ならした1人あたりの面積で比べると、
　　A…240÷18＝13.3…
　　B…180÷15＝12
　　1人あたりの面積がせまい公園Bのすな場のほ
うがこんでいます。
　② 公園Aのすな場には、1 m²あたり0.075人
います。

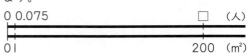

🏠 おうちのかたへ こみぐあいは、ならした1 m²あたりの人数と、1人あたりの面積で求める方法がありますが、ならした1 m²あたりの人数で比べたほうが、こんでいるほど数が大きくなるので、わかりやすいでしょう。

✌しあげの5分レッスン まちがえた問題をもう1回やってみよう。

ぴったり1 準備　78ページ

1　① 126650000　② 378000　③ 13840000　④ 2194　⑤ 340　⑥ 6300
2　① 130　② 5　③ 26　④ 98　⑤ 3　⑥ 32.6…　⑦ B　⑧ B

❶ 式　8840000÷1905＝4640.4…

　　　　　　　　　　　答え　約4600人

❷ ① 式　Ａ…960÷400＝2.4
　　　　　Ｂ…900÷360＝2.5
　　　　　　　答え　Ａ…2.4 kg、Ｂ…2.5 kg

　② Ｂの畑

❸ 式　Ａ…1460÷10＝146
　　　Ｂ…480÷3＝160
　　　　　　　　　答え　ノートＢ

❹ ① 式　Ａ…384÷40＝9.6
　　　　　Ｂ…230÷25＝9.2
　　　　　　　　　答え　Ａの自動車

　② 式　9.6×□＝168
　　　　　□＝168÷9.6
　　　　　　＝17.5　　答え　17.5 L

❶ 👆人口密度は、ふつう１km² あたりの人口だよ。

❷ ①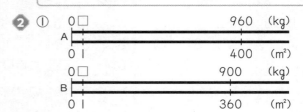

❹ ②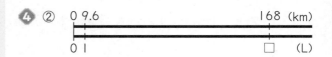

🏠 おうちのかたへ　数直線の図を使うと、面積ととれたさつまいもの重さや、ガソリンの量と走れる道のりの関係をわかりやすくとらえることができます。

❶ ① 100　② 16　③ 6.25　④ 16　⑤ 100　⑥ 0.16　⑦ B
❷ ① 144　② 2　③ 72　④ 72　⑤ 72　⑥ 60　⑦ 1.2
　⑧ 1.2　⑨ 1200　⑩ 60　⑪ 20　⑫ 20

❶ ① Ａさん…250 m、Ｂさん…330 m
　② Ｂさん

❷ ① 特急列車Ａ…時速180 km　分速3 km
　　特急列車Ｂ…時速174 km　分速2.9 km
　② 特急列車Ａ

❸ ① 時速59 km
　② 分速180 m
　③ 秒速12 m

❹ 時速…時速36 km
　分速…分速600 m（0.6 km）
　秒速…秒速10 m

❶ ② １分間あたりに走った道のりが長いほうが速いです。

❷ ① １時間あたりに進む道のり（時速）は、
　　特急列車Ａ…360÷2＝180（km）
　　特急列車Ｂ…522÷3＝174（km）
　　１時間＝60分だから、分速は
　　特急列車Ａ…180÷60＝3（km）
　　特急列車Ｂ…174÷60＝2.9（km）

❸ 👆速さ＝道のり÷時間　で求めるよ。
　　単位時間によって速さは３種類だね。
　　１時間あたりに進む道のりの時速
　　１分間あたりに進む道のりの分速
　　１秒間あたりに進む道のりの秒速

　① 118÷2＝59（km）
　② 3600÷20＝180（m）
　③ 300÷25＝12（m）

❹ 時速は、108÷3＝36（km）
　36 km＝36000 m だから、
　分速は、36000÷60＝600（m）
　または、36÷60＝0.6（km）
　秒速は、600÷60＝10（m）

🏠 おうちのかたへ　速さを考える場合も、「こみぐあい」と同じように、単位量あたりの大きさで考えます。速さは単位時間あたりに進む道のりで表すことができ、単位時間のとりかたによって時速、分速、秒速があります。

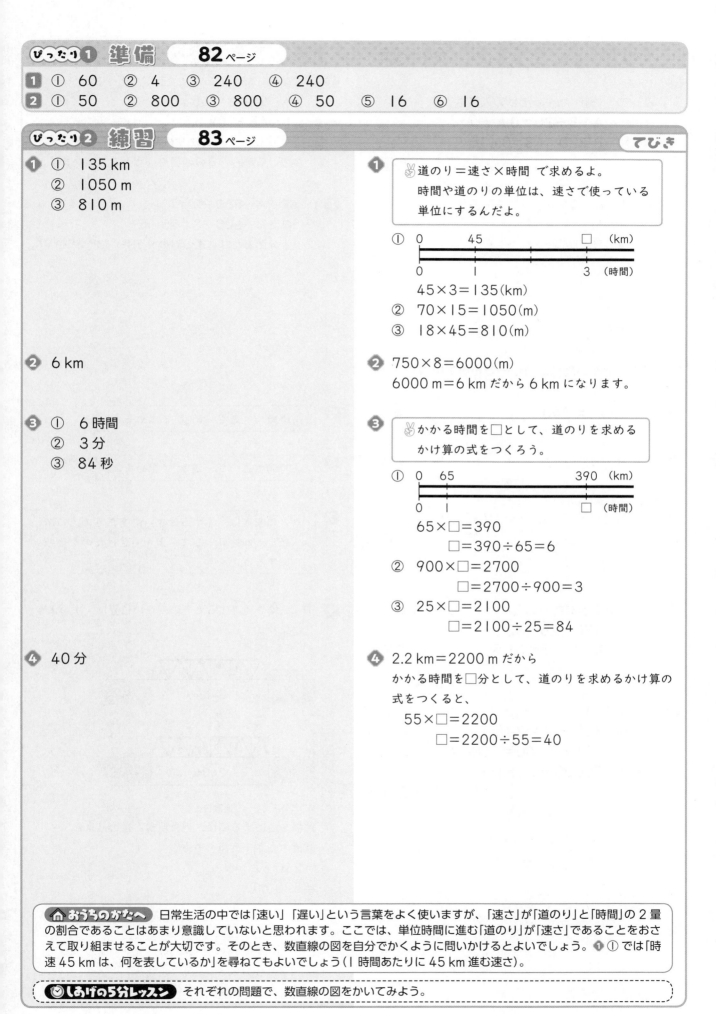

1 ① 60 ② 4 ③ 240 ④ 240
2 ① 50 ② 800 ③ 800 ④ 50 ⑤ 16 ⑥ 16

1 ① 135 km
　② 1050 m
　③ 810 m

1 🖐道のり＝速さ×時間 で求めるよ。
　時間や道のりの単位は、速さで使っている
　単位にするんだよ。

① 0　　　45　　　　　　　□　（km）
　　├───┼───┼───┤
　 0　　　1　　　　　　　3 （時間）
　45×3＝135（km）
② 70×15＝1050（m）
③ 18×45＝810（m）

2 6 km

2 750×8＝6000（m）
　6000 m＝6 km だから 6 km になります。

3 ① 6 時間
　② 3 分
　③ 84 秒

3 🖐かかる時間を□として、道のりを求める
　かけ算の式をつくろう。

① 0　65　　　　　　　　390 （km）
　　├─┼───────┤
　 0　1　　　　　　　　　□ （時間）
　65×□＝390
　　　□＝390÷65＝6
② 900×□＝2700
　　　　□＝2700÷900＝3
③ 25×□＝2100
　　　□＝2100÷25＝84

4 40 分

4 2.2 km＝2200 m だから
　かかる時間を□分として、道のりを求めるかけ算の
　式をつくると、
　　55×□＝2200
　　　　□＝2200÷55＝40

⌂おうちのかたへ 日常生活の中では「速い」「遅い」という言葉をよく使いますが、「速さ」が「道のり」と「時間」の2量の割合であることはあまり意識していないと思われます。ここでは、単位時間に進む「道のり」が「速さ」であることをおさえて取り組ませることが大切です。そのとき、数直線の図を自分でかくように問いかけるとよいでしょう。1 ① では「時速 45 km は、何を表しているか」を尋ねてもよいでしょう（1 時間あたりに 45 km 進む速さ）。

しあげの5分レッスン それぞれの問題で、数直線の図をかいてみよう。

1 ① ⑦
　② 式　(例)1m²あたりの人数は、
　　　A…8÷20＝0.4
　　　B…20÷48＝0.416…
　　　　　　　答え　Bの部屋

2 ① Aさん…72m、Bさん…75m
　② Bさん
　③ 道のり、時間

3 ① 時速
　② 分速
　③ 秒速

4 (例)1分間あたりにコピーできるまい数

5 式　30×8＝240　　　　答え　240m

6 式　300÷75＝4　　　　答え　4時間

7 式　1460000÷828＝1763.2…
　　　　　　　　答え　約1800人

8 式　(例)1aあたりのとれた小麦の重さは、
　　　A…770÷25＝30.8
　　　B…567÷18＝31.5　　答え　Bの畑

9 ① 320m
　② 式　320÷16＝20(m)
　　　20×60×60＝72000(m)
　　　72000m＝72km
　　　　　　　答え　時速72km

10 ④

---

1 ② ならした1人あたりの面積で比べると、
　　A…20÷8＝2.5
　　B…48÷20＝2.4
　ならした1人あたりの面積がせまいほうがこんでいるから、Bの部屋のほうがこんでいます。

2 ① Aさん…360÷5＝72(m)
　　　Bさん…600÷8＝75(m)
　② 1分間あたりに進む道のりが長いほうが速いです。

5 ✌道のり＝速さ×時間　で求めるよ。

6 ✌時間＝道のり÷速さ　で求めるよ。

7 ✌人口密度は、ふつうは1km²あたりの人口で表し、四捨五入して、上から2けたのがい数にするよ。

9 ① 鉄橋を通過するときの列車の位置は、次のようになります。

列車の先頭
240m
列車の先頭
240m　80m
鉄橋を通過する間に進む道のり

鉄橋を通過する間に、列車が進む道のりは、
鉄橋の長さ＋列車の長さ
＝240＋20×4
＝320(m)

10 ⑦12×(60×3)
　[秒速][単位を秒に変える式]
　④(12×60)×3
　[分速に変える式][分]

13 四角形と三角形の面積

1 2、3、2、3、6

2 (1) 5、6、5、6、30 (2) 6、3、6、3、18 (3) 2、5、2、5、10

てびき

1 ① (例)たて…4cm、横…3cm
② 12cm²

2 ① 9cm² ② 60cm² ③ 40cm²
④ 24cm² ⑤ 65cm² ⑥ 8cm²

3 (例)3つとも、底辺が2cm、高さが4.5cmだから。

4 12cm²

1
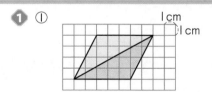

2 ✌ 平行四辺形の面積＝底辺×高さ だよ。

② 底辺を10cmとすると、高さは6cmだから、
10×6＝60(cm²)

⑤ 底辺を5cmとすると、高さは13cmだから、
5×13＝65(cm²)

4 ㋘と㋙の高さは等しく、底辺の長さは、
2÷8＝1/4 だから、面積も1/4になります。

⌂ おうちのかたへ 平行四辺形の面積は、形の特徴を生かして長方形に形を変えることで求められることをおさえておきましょう。

⏱ しあげの5分レッスン ❷の平行四辺形を方眼用紙にかいて、長方形に形を変えてみよう。

1 4、2、4、2、4

2 (1) 5、4、5、4、10 (2) 12、5、12、2、30 (3) 6、8、6、8、2、24

てびき

1 ① (例)底辺…5cm、高さ…4cm
② 10cm²

2 ① 75cm² ② 10.5cm² ③ 24cm²
④ 10cm² ⑤ 16m² ⑥ 21cm²

3 (例)3つとも、底辺が3cm、高さが5.5cmだから。

4 15cm²

1 ①
（方眼にかかれた平行四辺形の図）1cm

2 ✌ 三角形の面積＝底辺×高さ÷2 だよ。

② 底辺を7cmとすると、高さは3cmだから、
7×3÷2＝10.5(cm²)

⑤ 底辺は4m、高さは8mだから、
4×8÷2＝16(m²)

4 ㋘と㋙の高さは等しく、底辺の長さは、
6÷2＝3(倍)だから、面積も3倍になります。

⌂ おうちのかたへ 三角形の面積は、平行四辺形や長方形の面積を半分にすることで求められることをおさえておきましょう。

⏱ しあげの5分レッスン ❷の三角形を方眼用紙にかいて、もとにする平行四辺形の形をつくってみよう。

1　① 10　② 4　③ 6　④ 10　⑤ 4　⑥ 32
2　① 20　② 8　③ 20　④ 2　⑤ 80

❶ ① 底辺…10 cm、高さ…4 cm
　② 20 cm²

❷ ① 9 cm²　② 18 cm²　③ 30 cm²

❸ ① たて…4 cm、横…7 cm
　② 14 cm²

❹ ① 75 cm²　② 32 cm²　③ 30 cm²

【しあげの5分レッスン】❷の台形を方眼用紙にかいて、もとにする平行四辺形をつくってみよう。

❶
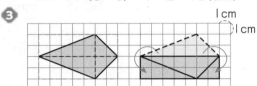

❷ ✌台形の面積＝（上底＋下底）×高さ÷2 だよ。

　② 上底は 3 cm、下底は 6 cm、高さは 4 cm
　だから、（3＋6）×4÷2＝18（cm²）

❸

上の右の図のように考えると、たて 2 cm、横 7 cm
の長方形の面積と等しくなります。

❹ ✌ ひし形の面積
　＝一方の対角線×もう一方の対角線÷2
　対角線が垂直に交わる四角形にも使えるよ。

　② 対角線の長さが 8 cm の正方形です。
　　8×8÷2＝32（cm²）

1　(1)① 6　② □　③ ○
　(2)④ 6　⑤ 3　⑥ 2　⑦ 9　⑧ 6　⑨ 4　⑩ 2　⑪ 12
　　⑫ 9　⑬ 12　⑭ 15　⑮ 18
　(3)⑯ 比例　(4)⑰ 6

❶ ① 8×□÷2＝○
　② （左から順に）4、8、12、16、20、24、
　　28、32
　③ 比例している。
　④ 9 倍

❷ ①⑦ 4.5×1.5÷2
　　④ 4.5×3÷2
　② 2 倍

❶ ③

	2倍 3倍 4倍				2倍		
高さ□（cm）	1	2	3	4	5	6	7	8
面積○（cm²）	4	8	12	16	20	24	28	32

✌ □が 2 倍、3 倍、…になると、それに
　ともなって○も 2 倍、3 倍、…になるとき、
　○は□に比例するというよ。

　④ 底辺を 8 cm と決めて、高さが、27÷3＝9（倍）
　になるから、面積も 9 倍になります。

❷ ② 底辺が等しく、高さが、3÷1.5＝2（倍）にな
　るから、面積も 2 倍になります。

1 ①　長方形ＦＢＣＥ
②㋐　底辺　　㋑　高さ

2 ①　$\frac{1}{2}$（半分）
②㋐　底辺　　㋑　高さ　　㋒　2

3 ①　式　9×6＝54　　　　　　答え　54 cm²
②　式　5×8÷2＝20　　　　答え　20 cm²
③　式　(8＋12)×7÷2＝70　答え　70 cm²
④　式　5×8÷2＝20　　　　答え　20 cm²
⑤　式　8×12÷2＝48　　　答え　48 cm²

4 ①　10×□÷2＝○
②　（左から順に）5、10、15、20、25
比例している。

5 ㋐

6 式　(例)9×8＝72
12×□÷2＝72
12×□＝72×2
□＝144÷12
　＝12　　　　　　　答え　12 cm

7 $\frac{1}{2}$（半分）

ぴったり しあげの5分レッスン まちがえた問題をもう1回
やってみよう。

1 ②　長方形ＦＢＣＥの横(辺ＢＣ)とたて(辺ＥＣ)は、
それぞれ平行四辺形ＡＢＣＤの底辺と高さになり
ます。

2 ②　平行四辺形ＡＢＣＤの底辺(辺ＢＣ)は、三角形
ＡＢＣの底辺です。
また、辺ＡＤと辺ＢＣは平行だから、平行四辺
形と三角形の高さは等しくなります。

3

> 平行四辺形の面積＝底辺×高さ
> 三角形の面積＝底辺×高さ÷2
> 台形の面積＝(上底＋下底)×高さ÷2
> ひし形の面積
> 　＝一方の対角線×もう一方の対角線÷2

高さは、底辺に垂直な直線の長さのこと
だよ。まず、どの辺を底辺とするか決めよう。

①　底辺を9 cm とすると、高さは6 cm です。
②　底辺を5 cm とすると、高さは8 cm です。

4 ②　①でつくった式の□に1、2、3、…と順に数
をあてはめます。
□が1のとき、10×1÷2＝5
□が2のとき、10×2÷2＝10
　　　⋮　　　　　⋮
□(高さ)が2倍、3倍、…になると、それに
ともなって○(面積)も2倍、3倍、…になるので、
○は□に比例しています。

5 ㋐　3cm　10cm　　2つの三角形に分けると、
(10×3÷2)×2

㋑　6cm　10cm　　長方形の半分とみると、
(6×10)÷2

㋒　6cm　3cm　10cm　　長方形に形を変えると、
(6÷2)×10

6 まず、平行四辺形の面積を求めます。
三角形の高さを□ cm として、面積を求める式をつ
くります。

7

> 底辺の長さが等しく、高さも等しければ、
> 三角形の面積は等しくなるよ。

面積の等しい三角形に変えていきます。

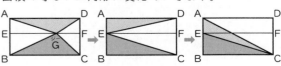

35

⑭ 割合

1 (1)　3、5、0.6、0.6
　 (2)　3、6、0.5、0.5
2 100、10、1、100、100
　 (1)　8　　(2)　47　　(3)　120　　(4)　0.24　　(5)　0.007

てびき

1 式　サッカー…16÷20＝0.8
　　　パソコン…18÷15＝1.2
　　　　　答え　サッカー…0.8、パソコン…1.2

1 ❔割合＝比べられる量÷もとにする量だよ。

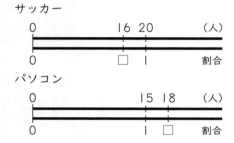

2 式　18÷90＝0.2　　　　　答え　20％

2

❔百分率は、もとにする量を100とみた割合
　の表し方だから、割合の1は、100％だね。

3 ①　3％　　　②　48％　　　③　50％
　 ④　175％　　⑤　110％　　⑥　80.5％

3
割合を表す数	百分率
1	100　％
0.1	10　％
0.01	1　％
0.001	0.1％

❔割合の1が100％だから、小数の割合に
　100をかければ、百分率で表せるね。

⑤　1.1×100＝110(％)
⑥　0.805×100＝80.5(％)

4 ①　0.95　　②　0.06　　③　0.8
　 ④　1.7　　　⑤　0.213　　⑥　0.002

4

❔100％が割合の1だから、百分率を100で
　われば、小数で表せるね。

⑥　0.2÷100＝0.002

⏱しあげの5分レッスン　まちがえた問題をもう1回やってみよう。

1 ① 0.15　② 380　③ 0.15　④ 57　⑤ 57
2 ① 0.26　② 0.26　③ 650　④ 650　⑤ 0.26　⑥ 2500　⑦ 2500
3 ⑦① 0.15　② 75　③ 75　④ 425
　　①⑤ 100　⑥ 0.15　⑦ 0.15　⑧ 425

ぴったり2 練習　**99 ページ**　　　　　　　　　　　　　　　　　**てびき**

1 式　120×0.85=102　　　　答え　102個

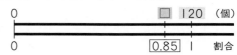
1 比べられる量＝もとにする量×割合 だよ。

85％は、小数で表すと 0.85 です。

2 式　2500×0.8=2000
　　　2500−2000=500
　　答え　（代金は）2000円（で）、500円（安く買っ
　　　た。）

2 80％は、小数で表すと 0.8 です。

3 式　(例)□×1.2=78
　　　□=78÷1.2
　　　　=65　　　　　　　　　答え　65人

3 120％は、小数で表すと 1.2 です。
　もとにする量は、6年生の人数です。

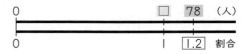

4 式　(例)□×0.77=100
　　　□=100÷0.77
　　　　=129.8…　　　　　　答え　およそ130 g

4 77％は、小数で表すと 0.77 です。
　もとにする量は、白米の重さです。

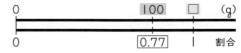

5 ① 式　3400×0.2=680
　　　　　3400−680=2720
　　　　　　　　　　　　答え　2720円
　② 式　3400×(1−0.2)=2720
　　　　　　　　　　　　答え　2720円

5 20％は、小数で表すと 0.2 です。
　もとにする量は、もとのねだんの 3400 円です。
　① 安くなった金額は、3400円の20％にあた
　　ります。
　② 代金は、3400円の 100−20=80(％)に
　　あたります。

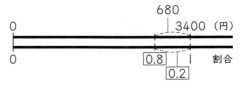

6 式　200×0.3=60　　200+60=260
　　　(200×(1+0.3)=260)
　　　　　　　　　　　答え　260円

6 30％は、小数で表すと 0.3 です。
　もとにする量は、仕入れのねだんの 200 円です。

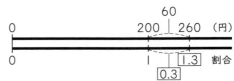

おうちのかたへ　もとにする量を1とみたとき、比べられる量がどれだけにあたるかを表すのに、割合が使われます。
割合を表す百分率や歩合は、日常ではよく使われますので、割合と、もとにする量、比べられる量の関係を、生活場面を
通じてしっかりと学習させておきましょう。

しあげの5分レッスン　それぞれの問題で、比べられる量と、もとにする量を書き出してみよう。

① ① もとにする量…200 g
　　比べられる量…32 g
　　割合…0.16
　② 比べられる量、もとにする量

② ① 12％　② 140％　③ 38.5％

③ ① 0.9　② 1.05　③ 0.072

④ ① 60％
　② 120人
　③ 40 ㎡

⑤ 式　27÷164＝0.164…
　　　　　　　　　答え　およそ16％

⑥ 式　4500×0.85＝3825　　答え　3825円

⑦ 式　400×1.1＝440　　　　答え　440人

⑧ 式　(例)学校全体の児童数を□人とすると、
　　　□×0.04＝18
　　　□＝18÷0.04
　　　　＝450　　　　　　　答え　450人

⑨ 式　3800×0.25＝950
　　　3800−950＝2850
　　　(3800×(1−0.25)＝2850)
　　　　　　　　　答え　2850円

⑩ 式　120×(1+0.25)＝150
　　　(120×0.25＝30　120+30＝150)
　　　　　　　　　答え　150円

① ① もとにする量を 1 とみます。

② 🖐割合の 1 が 100％ だから、小数の割合に
　　100 をかければ、百分率で表せるね。
　③　0.385×100＝38.5(％)

③ 🖐100％ が割合の 1 だから、百分率を 100 で
　　われば、小数で表せるね。
　③　7.2÷100＝0.072

④ ①　48÷80＝0.6　0.6×100＝60(％)
　②　40÷100＝0.4　300×0.4＝120(人)
　③　花だんの面積を□ ㎡ とすると、
　　　□×0.3＝12　□＝12÷0.3＝40(㎡)

⑤ 四捨五入して上から 2 けたのがい数で表すから、
上から 3 けための数字を四捨五入します。

⑥ 85％ は小数で表すと 0.85 です。

⑦ 110％ は小数で表すと 1.1 です。

⑧ もとにする量 × 割合 ＝ 比べられる量 を使って、式
をつくります。

⑨ 安くなった金額は、3800 円の 25％ で小数で表
すと 0.25 にあたります。
よって代金は、もとのねだんの 75％ で小数で表
すと 0.75 になります。

⑩ 売るねだんは、仕入れのねだんの 100％ に利益
を 25％ 加えたものだから、小数で表すと
1+0.25 にあたります。
120×(1+0.25)＝150(円)
また、利益を求めて、仕入れのねだんにたす求め方
もあります。
利益は、仕入れのねだんの 25％ だから、
120×0.25＝30(円)
売るねだんは、120+30＝150(円)

🏠おうちのかたへ 割合を活用した事例は日常生活のいたる所で見られます。これらを題材にした問題を、子どもたち
といろいろ出し合って、話し合ってみるとよいでしょう。

⏱️しあげの5分レッスン まちがえた問題をもう 1 回やってみよう。

⑮ 帯グラフと円グラフ

1 (1)① 75　② 40　③ 35
　　(2)④ 40　⑤ 10　⑥ 40　⑦ 10　⑧ 4
2 ① 12　② 120　③ 10　④ 5　⑤ 120　⑥ 4

好きなスポーツ(5年生)

てびき

1 ① 26 %　② およそ $\frac{1}{2}$　③ およそ2倍
2 ① 22 %　② 4倍
3 表　(上から順に)40、25、14、8、13

けがをした場所別(学校全体)

けがをした場所別の人数(学校全体)

1 ② ふくし費と土木費をあわせると、
　　47 %　⟶　約50 %
　③ 土木費は、47−26=21(%)
　　衛生費は、70−60=10(%)
　　土木費は、衛生費の 21÷10=2.1(倍)です。

2 ① 西町は、54−32=22(%)
　② 東町は32 %
　　北町は、78−70=8(%)
　　東町は、北町の 32÷8=4(倍)です。

3 表の百分率は、一の位までのがい数にします。
　　33÷80=0.4125　⟶　41 %　⟶　40 %
　　20÷80=0.25　⟶　25 %
　　11÷80=0.1375　⟶　14 %
　　6÷80=0.075　⟶　8 %
　　10÷80=0.125　⟶　13 %
　　　　　　　　　　計 101% ⟶ 100%
　合計を 100 %にするために、割合のいちばん大きい校庭を 1 %減らします。

おうちのかたへ それぞれの割合を見やすくするために、帯グラフや円グラフで表すことがあります。日常の場面でよく見られますので、見方やかき方をしっかり学習させておくことが大切です。

しあげの5分レッスン ❶❷について、帯グラフや円グラフからそれぞれの割合を調べてみよう。

1 (1) 3　(2) 15、15　(3) 12、18、18、12、1.5　(4) 6
　　(5) 40、0.4、48、35、140、0.35、49

てびき

1 ① A村…20 %、B村…25 %
　② およそ $\frac{1}{4}$

1 ① 帯グラフから、A村は、60−40=20(%)
　　B村は 45−20=25(%)です。
　② B村の果じゅ園の割合は、69−45=24 で
　　およそ 25 %です。

③　A村

④　A村…4 km²、B村…12.5 km²

⑤　5倍

⑥　考えは　正しくない。

理由…（例）A村の面積は 20 km² で、水田の割合は 40 % だから、20×0.4＝8（km²）

B村の面積は 50 km² で、水田の割合は 20 % だから、50×0.2＝10（km²）

割合はA村のほうが大きいが、面積はB村のほうが大きいので、考えは正しくない。

③　帯グラフは、横の長さが長いほうが割合が大きいので、たてにならべた帯グラフを利用すると、かん単に割合を比べることができます。

帯グラフで、A村のほうが横が長くなっています。

④　A村は全体が 20 km² で、畑の割合は 20 % だから、

20×0.2＝4（km²）

B村は全体が 50 km² で、畑の割合は 25 % だから、

50×0.25＝12.5（km²）

⑤　割合は、水田は 40 %、たく地は 8 % だから、水田は、たく地の 40÷8＝5（倍）です。

⑥　割合は、全体をもとにして各部分を比べたものなので、全体の面積がちがうA村とB村を、割合だけで比べることはできません。

おうちのかたへ　帯グラフをたてにならべると、それぞれの割合を比べやすいことがわかります。そのとき、全体や部分の数量もきちんと確かめていくように指導しましょう。

しあげの5分レッスン　A村とB村について、それぞれの土地利用の面積を求めてみよう。

ぴったり3　確かめのテスト　　106～107ページ　　てびき

1 ①　53 %　②　およそ $\frac{1}{4}$

2 ①　17 %　②　2.2 倍

3

好きなスポーツ(5年生)

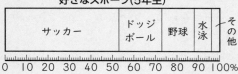

4

習い事に行く日数（1週間）

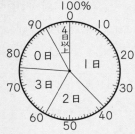

5 ①　A小学校…30 %、B小学校…22 %

②　およそ $\frac{1}{5}$　③　3.5 倍

④　記号…あ

理由…（例）A小学校の物語の数は、4000さつの35%だから、

4000×0.35＝1400（さつ）

B小学校の物語の数は、3500さつの40%だから、3500×0.4＝1400（さつ）

2つの小学校の物語の数は同じ。

1 ②　バスとトラックをあわせると、

80－53＝27（%）

およそ 25 % とみて、25÷100＝$\frac{1}{4}$

2 ②　カレーライスの割合は 33 %、シチューの割合は 15 % だから、33÷15＝2.2（倍）

3 割合の大きい順に、各部分をそれぞれの百分率にしたがって区切ります。

「その他」は最後に入れます。

4 表の日数順ではなく、割合の大きい順に、それぞれの百分率にしたがって区切っていきます。

5 ②　B小学校の伝記の割合は 22 % だから、およそ 20 % とみます。

③　A小学校の物語の割合は 35 %、図かんの割合は 10 % だから、

35÷10＝3.5（倍）

④　割合は、部分と全体、部分どうしを比べるものです。全体の本の数がちがうので、2つの学校の物語の数を、割合で比べることはできません。

2つの帯グラフから、それぞれの学校の「全体の本の数」と物語の「割合」を読み取って、物語の数をそれぞれ求めて比べます。

16 変わり方調べ

ぴったり1 準備　**108** ページ

1 ① 30　② 1　③ 30　④ 1　⑤ 2　⑥ 30　⑦ 61　⑧ 1　⑨ 2

ぴったり2 練習　**108** ページ

てびき

1 ①⑦ 2　⑦ 9　⑦ 11　⑤ 3
　　⑦ 29　⑦ 3　⑦ 1　⑦ 61
　② （例）3＋2×（□－1）＝○

1 ②　①で求めた式　3＋2×（30－1）＝61 に□と
　　○をあてはめます。

ぴったり3 確かめのテスト　**109** ページ

てびき

1 ① （左から順に）4、7、10、13、16、19
　② （例）3本ずつ増える。
　③ （例）1＋3×□＝○
　④ 式　（例）1＋3×40＝121
　　　　　　　　　　　　答え　121本

2 ① （左から順に）16、28、40、52、64
　② （例）16＋12×（□－1）＝○
　③ 式　（例）16＋12×（21－1）＝256
　　　　　　　　　　　　答え　256 cm²

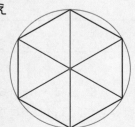

> **おうちのかたへ** この単元で取り上げた事例のように、身のまわりのちょっとした素材を使うことで数学的な考える力をのばすことができます。このとき、図や表を使って調べさせるようにしましょう。何通りかの調べ方を考えさせることも大切です。また、このような取り組みを、いろいろな図形について行わせてみましょう。

> **しあげの5分レッスン** **1** **2** について、別の考え方でやってみよう。

2 ①

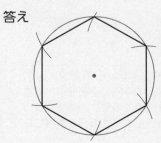

12cm² 増える。　12cm² 増える。

16　16＋12　16＋12＋12

色紙の数　□（まい）	1	2	3	4	5
できた形の面積○（cm²）	16	28	40	52	64

② ①より、16＋12×（□－1）＝○
右の図のように考えて
4＋12×□＝○
と表すこともできます。

17 正多角形と円周の長さ

ぴったり1 準備　**110** ページ

1 等しく、等しい、正九角形
2 ① 60　答え　　　② 半径　答え

ぴったり2 練習 111 ページ

1 ① 正七角形　② 正十角形

2 ① 正多角形と　いえない
　理由… (例)角の大きさが等しくないから。
　② 正多角形と　いえない
　理由… (例)辺の長さが等しくないから。

3 ① 120°　② 40°

4
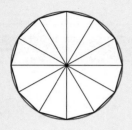

てびき

1 頂点の数を数えます。

2 ✌正多角形は、辺の長さがすべて等しく、角の大きさもすべて等しい多角形だよ。

3 ① 円の中心のまわりの角を 3 等分しています。
　② 円の中心のまわりの角を 9 等分しています。

4 円の中心のまわりの角を 12 等分するので、
　360÷12＝30

🏠おうちのかたへ 正多角形をかくには、円の中心のまわりの角を等分して半径をかき、円と交わった点を頂点として、これらを結びます。円を利用することを気づかせるとよいでしょう。

⏰しあげの5分レッスン ①について、正十角形をかいてみよう。

ぴったり1 準備 112 ページ

1 (1) 6、3.14、18.84
　(2)① 2　② 10　③ 10　④ 3.14　⑤ 31.4

2 (1) 比例　(2) 2、2

ぴったり2 練習 113 ページ

1 約3.14倍

2 ① 28.26 cm　② 50.24 cm
　③ 188.4 cm

3 約6.4 cm

4 14.28cm

5 ① (左から順に)6.28、12.56、18.84、
　25.12、31.4、37.68、43.96
　② 比例している。
　③ 3倍

🏠おうちのかたへ 円周率 3.14 は円周を求める計算だけではなく、6 年生で学習する円の面積を求める計算でも使います。円周の長さは直径の長さの何倍になっているか、身近にあるいろいろな大きさの円で調べてみると理解が深まります。

⏰しあげの5分レッスン まちがえた問題をもう1回やってみよう。

てびき

1 42.4÷13.5＝3.140…

2 ✌円周＝直径×円周率(3.14)だよ。

　① 9×3.14＝28.26(cm)
　② 直径は、8×2＝16(cm)だから、
　　16×3.14＝50.24(cm)
　③ 60×3.14＝188.4(cm)

3 直径の長さを□ cm とすると、
　□×3.14＝20
　□＝20÷3.14
　　＝6.36…

4 直径は、4×2＝8(cm)
　8×3.14÷4＋4×2＝14.28(cm)
　曲線部分(円周の 1/4)　直線部分(半径 2 つ分)

5 ②
半径(cm)	1	2	3	4
円周(cm)	6.28	12.56	18.84	25.12

3倍　2倍　2倍

　半径が 2 倍、3 倍、…になると、それにともなって円周も 2 倍、3 倍、…になるので、円周は半径に比例しています。
　③ 半径が、18÷6＝3(倍)になるので、円周も 3 倍になります。

1 3.14、円周率(3.14)

2 ① 60°　② 5cm

3 ① 式　7×3.14=21.98　答え　21.98cm
　　② 式　15×2=30
　　　　　　30×3.14=94.2　　答え　94.2cm

4 100m

5 ① □×3.14=○
　　② 比例している。

6 ① 72°　②

7 式　10×3.14÷2+5×3.14+10=41.4
　　　　　　　　　　　　　　答え　41.4cm

8 同じ
　　理由　(例)A…1×3.14=3.14(km)
　　　　　　　　B…0.5×3.14×2=3.14(km)
　　どちらのコースも1周の長さが3.14kmだから。

2 ① 円の中心のまわりの角を6等分します。
　　② 6つの合同な正三角形に分けられます。

3 🖐 円周=直径×円周率(3.14)だよ。

4 円の直径を□mとすると、
　　□×3.14=628
　　□=628÷3.14=200
　　直径が200mなので半径は、200÷2=100(m)

5 ② 直径の長さが2倍、3倍、…になると、それ
　　にともなって円周の長さも2倍、3倍、…にな
　　るので、円周の長さは直径に比例しています。

6 ① 円の中心のまわりの角を5等分するので、
　　　360÷5=72

7 曲線部分は、直径10cmの円の円周の半分と直径
　　5cmの円の円周です。直線部分は、直径の10cm
　　です。
　　次のように考えることもできます。
　　直径10cmの円の円周は、直径5cmの円の円周
　　の2倍だから、直径10cmの円の円周の半分は、
　　直径5cmの円の円周と等しくなります。
　　このことから、5×3.14×2+10=41.4(cm)

8 次のように考えることもできます。
　　　<u>1×3.14</u>　←──────　Aコースの1周の長さ
　　=(0.5×2)×3.14
　　=<u>0.5×3.14×2</u>　←── Bコースの1周の長さ

18 角柱と円柱

ぴったり1 準備 116ページ

1 (1) 長方形　　(2) 3、4、5

2 (1) 円　　(2) 平行、合同(または、合同、平行)

ぴったり2 練習 117ページ てびき

1 ① 四角柱　② 円柱

2 ① 平行　② 垂直
　　③ 長方形、正方形(または正方形、長方形)
　　④ 曲面

1 ① 底面が四角形で、平面だけで囲まれています。
　　② 底面が円で、側面が曲面になっています。

③ ① 三角形　② 三角柱　③ ⑦

③ 角柱の２つの底面は平行で、合同になっていることから、底面は三角形ＡＢＣと三角形ＤＥＦです。
問題の図は、右の図のような三角柱を、たおしたものです。

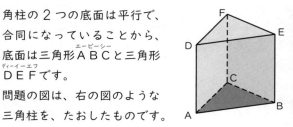

④ ①

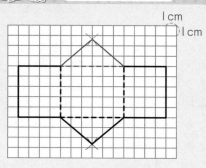

②

④ ✌️見えない部分は点線でかこう。
辺の平行や垂直の関係に注意してかこう。

ぴったり1　準備　118ページ

1　5　（例）

1cm
1cm

2　① 長方形　② 4　③ 円周　④ 3.14　⑤ 18.84

ぴったり2　練習　119ページ　　　てびき

① ① 三角柱　② 4 cm　③ 点G、点J

① 組み立てると、右の図のような三角柱になります。

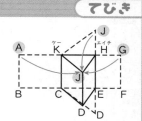

② ① 三角柱　② 3 cm
③ （例）

1cm
1cm

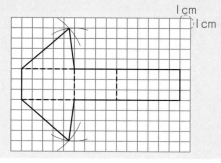

③ ① 5、9.42、長方形
② (例)

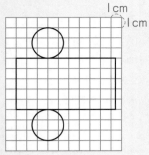

③ ① 展開図の側面の長方形で、
たて…円柱の高さの 5 cm
横…底面の円周の長さに等しいから、
$$3 × 3.14 = 9.42 (cm)$$

🏠 おうちのかたへ 角柱や円柱の展開図をかいたり、展開図から角柱や円柱を組み立てることで、立体図形の見方がひろがります。特に円柱では、展開図を組み立てることで、側面となる長方形の横の長さが、底面の円周になることが実感できます。

⏰ しあげの5分レッスン 展開図をかく問題について、解答したもの以外の展開図をかいてみよう。

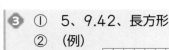

ぴったり 3 確かめのテスト 120〜121 ページ **てびき**

❶ ① 底面　② 側面　③ 高さ
　⑦の名前…六角柱　　⑦の名前…円柱

❷ ① 5　② 4　③ 6
　④ 10　⑤ 12　⑥ 15

❷ 側面の数…底面の辺の数に等しい。
頂点の数…(底面の頂点の数)×2
辺の数…(底面の辺の数)×3

❸ ① 平行、合同　② 垂直　③ 曲面

❹ ①　　　　　　②

❹ 🖐 見えない部分は点線でかこう。
辺の平行や垂直の関係に注意してかこう。

❺

❺ 展開図をかいたら、重なる辺の長さが等しくなっているか確かめましょう。

❻ ① 長方形
　② 6.28 cm
　③ (例)右の図

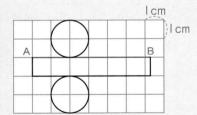

❻ ② 底面の円周の長さに等しいから、
$$2 × 3.14 = 6.28 (cm)$$

❼ ① 2 cm
　② たて…4 cm　　横…12.56 cm

❼ ② 側面となる図形は長方形です。
たては、円柱の高さに等しいから、4cm
横は、底面の円周の長さに等しいから、
$$4 × 3.14 = 12.56 (cm)$$

考える力をのばそう

❶ ① ⑦
　② 100％にあたるもの…増量前のお茶の量
　　増量後のお茶の量…112％
　　その割合…1.12
　③ ⑦ 280　　④ 1
　④ 式　(例)□×1.12＝280
　　　　　□＝280÷1.12
　　　　　　＝250　　　　　答え　250mL

❷ ① 軽量化後の手帳の重さ…84％
　　その割合…0.84
　② ④
　③ 式　(例)□×0.84＝126
　　　　　□＝126÷0.84
　　　　　　＝150　　　　　答え　150g

❸ ⑦ 3060　　④ 0.85
　式　(例)□×0.85＝3060
　　　　□＝3060÷0.85
　　　　　＝3600　　　　　答え　3600円

❶ ② 増量前のお茶の量をもとにするから、これが
　　100％にあたります。
　　　増量後のお茶の量は、これに12％を加えた
　　112％にあたります。
　③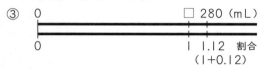
　④ 増量前のお茶の量×割合＝増量後のお茶の量

❷ ① もとにするものは、軽量化前の手帳の重さ
　　(100％)で、軽量化後の手帳の重さは、そこか
　　ら16％をひいた84％にあたります。
　③ 軽量化前の手帳の重さ×割合
　　　＝軽量化後の手帳の重さ

❸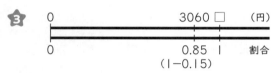

りんご1箱のねびき前のねだん×割合
＝ねびき後のねだん

┌─ **おうちのかたへ** ─┐ 割合の単元で、もとにする量を1とみたとき、比べられる量がどれだけにあたるかを表す学習をし
ましたが、ここでは、もとにする量の求め方を重点的に学習しています。問題をよく読み、考えをめぐらしながら、深い
学びにつなげていくとよいでしょう。

5年のふくしゅう

❶ ① 10倍
　② 0.743
　③ 偶数…2、14、38
　　奇数…3、9、101、483
　④ 42、84、126
　⑤ 1、2、5、10
　⑥ $\frac{3}{8}$
　⑦ $\frac{5}{12}$時間
　⑧ $\frac{5}{6}$分
　⑨ 3.4
　⑩ 5×1.12

❶ ①
　②
　　```
　　      ┌─10─┐ 74.3 ┌─10倍─┐
　├100┤        7.43         ├100倍
　　      └─10─┘ 0.743 └─10倍─┘
　　```
　④ 21の倍数　　21、42、63、84、…
　　14の倍数　　×　○　×　○

　┌─ ✌ 公倍数は、最小公倍数の倍数だね。 ─┐

　⑤ 20の約数　　1、2、4、5、10、20
　　30の約数　　○ ○ × ○ ○ ×

　⑦ 1時間＝60分だから、25分＝$\frac{25}{60}$時間

　⑧ 1分＝60秒だから、50秒＝$\frac{50}{60}$分

　⑨ $3\frac{2}{5}＝3+\frac{2}{5}$

　　$\frac{2}{5}＝2÷5＝0.4$だから、$3\frac{2}{5}＝3.4$

　　また、$3\frac{2}{5}＝\frac{17}{5}＝17÷5＝3.4$

② ① $\dfrac{13}{12}\left(1\dfrac{1}{12}\right)$ ② $\dfrac{11}{18}$

③ $3\dfrac{13}{15}\left(\dfrac{58}{15}\right)$ ④ $2\dfrac{3}{8}\left(\dfrac{19}{8}\right)$

③ ① 20.5 ② 0.6804
③ 6.5 ④ 0.75

④ ① 1.5 ② 2.2

⑤ 式 $950\times0.7=665$　　　答え　665g

⑥ 式 $13.5\div1.2=11$ あまり 0.3
　　　答え　11本できて、0.3m あまる。

---

② ③ $1\dfrac{1}{5}+2\dfrac{2}{3}=1\dfrac{3}{15}+2\dfrac{10}{15}=3\dfrac{13}{15}$

$1\dfrac{1}{5}+2\dfrac{2}{3}=\dfrac{6}{5}+\dfrac{8}{3}=\dfrac{18}{15}+\dfrac{40}{15}=\dfrac{58}{15}$

④ $3\dfrac{1}{2}-1\dfrac{1}{8}=3\dfrac{4}{8}-1\dfrac{1}{8}=2\dfrac{3}{8}$

$3\dfrac{1}{2}-1\dfrac{1}{8}=\dfrac{7}{2}-\dfrac{9}{8}=\dfrac{28}{8}-\dfrac{9}{8}=\dfrac{19}{8}$

③ ①
```
    8.2  → |けた
  × 2.5  → |けた
   4 1 0
 1 6 4
 2 0.5 0  ← 2けた
```
④
```
        0.7 5
 3.2 )2.4 0
      2 2 4
      1 6 0
      1 6 0
          0
```

④ ① $5.4\div3.7=1.45\cdots$

② $19.3\div8.6=2.24\cdots$

⑤
```
0        □     950  (g)
├────┼────┤
0        0.7   |    (m)
```

⑥ 商は一の位まで求めて、あまりも出します。

まとめのテスト 　**125**ページ　　　　　　　　　　　　　**てびき**

① ① 式 $7\times4\div2=14$　　　答え　14cm²
② 式 $8\times8=64$　　　答え　64cm²
③ 式 $(4+12)\times9\div2=72$　答え　72cm²
④ 式 $6\times9\div2=27$　　　答え　27cm²

② ① 式 $9\times12\times6=648$　答え　648cm³
② 式 （例）$5\times14\times14+5\times14\times6$
　　　$=1400$
　　　　　　　　　　　　答え　1400cm³
③ 式 （例）$5\times15\times15=1125$
　　　　　　　　　　　　答え　1125cm³

① 😌 次の公式を使って求めよう。
　三角形の面積 ＝ 底辺 × 高さ ÷ 2
　平行四辺形の面積 ＝ 底辺 × 高さ
　台形の面積 ＝（上底 ＋ 下底）× 高さ ÷ 2
　ひし形の面積
　　＝ 一方の対角線 × もう一方の対角線 ÷ 2

② 😌 直方体の体積 ＝ たて × 横 × 高さ

② 左と右の直方体に分けて求めます。
　上と下の直方体に分けて求めると、
　$5\times14\times8+5\times28\times6=1400$（cm³）
　大きな直方体から小さな直方体を切り取ると考え
えて求めると、
　$5\times28\times14-5\times14\times8=1400$（cm³）
③ 上にとび出した直方体を、下のへこんだところ
に移すと、1つの直方体になります。（図1）
　たてに 3 つに分けると、同じ直方体ができます。
（図2）
　$(5\times5\times15)\times3=1125$（cm³）

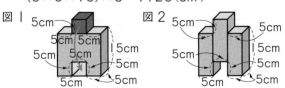

47

③ 辺BC

④ ① 式　360−(50+70+135)=105
　　　　　　　　　　　　答え　105°
　 ② 式　180−(30+70)=80
　　　　180−80=100　　　答え　100°

⑤ ① 10等分
　 ② 式　360÷10=36　　　答え　36°

⑥ 式　3.5×2=7
　　　7×3.14=21.98　　　答え　21.98cm

③ ✌合同な三角形をかくのに必要な長さや角度
　・2つの辺の長さとその間の角の大きさ
　・1つの辺の長さとその両はしの2つの
　　角の大きさ
　・3つの辺の長さ

④ ✌三角形の3つの角の大きさの和は180°、
　四角形の4つの角の大きさの和は360°だよ。

⑤ 次のようにして、正十角形をかきます。

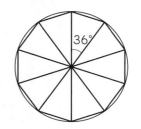
36°

⑥ ✌円周＝直径×円周率(3.14)だよ。

まとめのテスト　126ページ　　　てびき

① ① 比例している。
　 ② 比例していない。

② 式　(80+20+30+50+0+40+60)÷7
　　＝40　　　　　　　　答え　40分間

③ 式　(8.7+9.2+8.9+8.8+8.9)÷5
　　＝8.9　　　　　　　　答え　8.9秒

④ 式　1490000÷2282=652.9…
　　　3690000÷7777=474.4…
　　　　　　　　　　　　答え　沖縄県

⑤ ① 180km
　 ② 秒速5m
　 ③ 72km

① ①

横の長さ□(cm)	1	2	3	4
体積　○(cm³)	54	108	162	216

（3倍・2倍）

　□cmが2倍、3倍、…になると、○cm³も
2倍、3倍、…になっています。
　② □人が2倍、3倍、…になっても、○mは2倍、
3倍、…になっていません。

② ✌平均＝合計÷個数　だよ。

④ 人口密度(1km²あたりの人口)を求めて比べます。
上から2けたのがい数で表すと、1km²あたりに、
沖縄県は約650人、静岡県は約470人住んでい
ることになります。

⑤ ① 60×3=180(km)
　 ② 125÷25=5(m)
　 ③ 1.5×48=72(km)

⑥	①	9
	②	40

⑥	①	1時間は60分なので、 150×60＝9000(m) 1km＝1000mより9000mは9kmです。
	②	1kmは1000mなので、 1000÷25＝40(秒)

まとめのテスト　127ページ

てびき

❶	①	0.07	②	0.2
	③	1.73	④	0.009

❶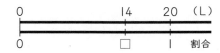

✌100%が割合1だから、百分率を100でわれば、小数で表せるね。

割合を表す数	1	0.1	0.01
百分率	100%	10%	1%

❷	①	170	②	0.63	③	300

❷
① 6.8÷4＝1.7　　1.7＝170%
② 35%＝0.35　　1.8×0.35＝0.63
③ 20%＝0.2　　60÷0.2＝300

❸	①	式　14÷20＝0.7		答え　70%
	②	式　360×0.15＝54		答え　54人

❸
①
✌割合＝比べられる量÷もとにする量　だよ。

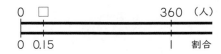

②
✌比べられる量＝もとにする量×割合　だよ。

❹	①	30%	②	およそ $\frac{1}{2}$

❹
② スギ…40%
ヒノキ…83−70＝13(%)
スギとヒノキをあわせると53%だから、約50%とみます。

❺	①	45%	②	12%	③	2倍

❺
② 帯グラフの65%から77%までが野菜の重さの割合なので、77−65＝12(%)
③ パンの重さの割合は、65−45＝20(%)
　魚の重さの割合は、87−77＝10(%)
　よって、20÷10＝2　　　　　　　　2倍

プログラミングを体験しよう！

正多角形をかく手順を考えよう　128ページ

てびき

❶	㋐	10	㋑	72	㋒	5

❶ 正五角形は、「10cm進み72°右に回転する」という作業を5回くり返すことでかけます。

❷	㋐	3	㋑	36	㋒	10

❷ 180°から144°をひくと36°になるので、❶と同じように考えると、正十角形は、「3cm進み36°右に回転する」という作業を10回くり返すことでかけます。

てびき

1 ① 100　② 100

1 ① 小数や整数を 10 倍、100 倍、…すると、位は、それぞれ 1 けた、2 けた、…ずつ上がります。小数点はそれぞれ右に 1 けた、2 けた、…うつります。

右に2けた
$$0.905$$
$$90.5$$

② 小数や整数を $\frac{1}{10}$、$\frac{1}{100}$、…にすると、位は、それぞれ 1 けた、2 けた、…ずつ下がります。小数点はそれぞれ左に 1 けた、2 けた、…うつります。

左に2けた
$$9050.$$
$$90.5$$

2 2.8×0.9

2 小数をかけるかけ算では、1 より小さい数をかけると、積はかけられる数より小さくなります。

3 ① 7.56　② 21.996
③ 0.864　④ 0.294

3 ③
$$\begin{array}{r} 0.54 \\ \times\ 1.6 \\ \hline 324 \\ 54 \\ \hline 0.864 \end{array}$$
一の位に 0 を書く。

④
$$\begin{array}{r} 0.35 \\ \times 0.84 \\ \hline 140 \\ 280 \\ \hline 0.2940 \end{array}$$
右はしの 0 を消す。

4 ① 4×8.7×2.5
＝8.7×4×2.5
＝8.7×(4×2.5)
＝8.7×10
＝87
② 9.9×18
＝(10−0.1)×18
＝10×18−0.1×18
＝180−1.8
＝178.2

4 ① まず、4 と 8.7 の順序をかえてから、(■×●)×▲＝■×(●×▲)の計算のきまりを使って考えます。
② まず、9.9＝10−0.1 としてから、(■−●)×▲＝■×▲−●×▲の計算のきまりを使って考えます。

5 ⑦、⑨

5 小数でわるわり算では、1 より小さい数でわると、商はわられる数より大きくなります。

6 ① 3.4　② 27
③ 4 あまり 0.7　④ 3.3

6 ③
$$\begin{array}{r} 4 \\ 4.2\,)\overline{17.5} \\ 16\ 8 \\ \hline 0.7 \end{array}$$

④
$$\begin{array}{r} 3 \\ 3.2\,7 \\ 7.3\,)\overline{23.9} \\ 219 \\ \hline 200 \\ 146 \\ \hline 540 \\ 511 \\ \hline 29 \end{array}$$

7 48 cm³

8 ① 式 3×3×3＝27
答え　27 m³
② 式 80×400×60＝1920000
答え　1920000 cm³

9 式 20×45×30＝27000
27000 cm³＝27 L　　答え　27 L

10 三角形CDE

11 ① （例）
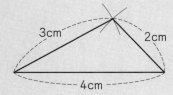
3cm　　2cm
4cm

② （例）
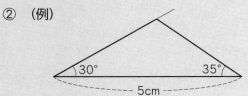
30°　　35°
5cm

③ （例）
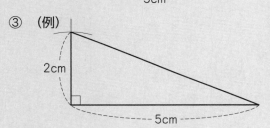
2cm
5cm

12 ① 比例している。
② 比例していない。

13 39.751

14 ① 式 9÷15＝0.6
答え　0.6倍
② 式 15×0.2＝3
答え　3 m

15 式 あいこさんのおこづかいを□円とすると、
□×2.5＝1500
□＝1500÷2.5
＝600
答え　600円

16 式 6×6×3－3×2×3＝90
答え　90 cm³

7 1 cm³ の立方体が、1 だんめに 4×4＝16（こ）
ならび、これが 3 だんあるので、全部の数は、
16×3＝48（こ）で、48 cm³

8 ① 立方体の体積＝1辺×1辺×1辺
② 直方体の体積＝たて×横×高さ
「cm³」単位で体積を求めるから、4 m＝400 cm
としてから計算します。

9 この水そうの内のりは、たて 20 cm、横 45 cm、
深さ 30 cm です。まず、何 cm³ かを求めます。

10 平行四辺形の向かい合った
辺の長さは等しく、2 本の
対角線はそれぞれの真ん中
の点で交わります。
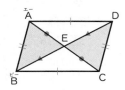

11 ✌かく前に、だいたいの形や大きさを想像して、
どこからかき始めればよいか考えよう。

12 ① □ cm が 2 倍、3 倍、…になると、○ cm も
2 倍、3 倍、…になっています。
② □ cm が 2 倍、3 倍、…になっても、○ cm
は 2 倍、3 倍、…になっていません。

13 45 より大きく、45 にいちばん近い数は、
51.379　[十の位に⑤、以下小さい順に置く。]
45 より小さく、45 にいちばん近い数は、
39.751　[十の位に③、以下大きい順に置く。]
この 2 つの数のうち、45 との差が小さい数が答え
になります。

14 ①
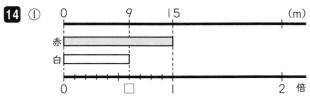
②
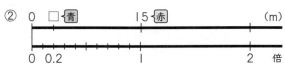

15
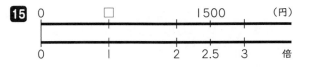

16 みきさんの考えは、全体からへこんでいるところを
ひいています。

冬のチャレンジテスト

1 偶数…2、8、78、210

奇数…5、31、651

2 ① 公倍数…30、60

　　最小公倍数…30

② 公倍数…60、120

　　最小公倍数…60

3 ① 公約数…1、3、7、21

　　最大公約数…21

② 公約数…1、2、3、6

　　最大公約数…6

4 ① 7　　② 13

5 $\frac{10}{30}$、$\frac{6}{18}$

6 ① ＞　　② ＜

7 ① $\frac{14}{15}$　② $\frac{7}{15}$　③ $1\frac{7}{12}\left(\frac{19}{12}\right)$

④ $1\frac{1}{2}\left(\frac{3}{2}\right)$　⑤ $\frac{11}{18}$　⑥ $\frac{1}{10}$(0.1)

8 ① 80°　② 105°　③ 40°

てびき

1 2でわりきれる整数を、偶数といいます。

2でわりきれない整数を、奇数といいます。

2 公倍数は、最小公倍数の倍数になっています。

3 公約数は、最大公約数の約数になっています。

4 ■÷●＝$\frac{■}{●}$

5 約分して $\frac{1}{3}$ になる分数をさがします。

6 分数を小数で表して、大小を比べます。

① $\frac{3}{4}=3÷4=0.75$　だから、0.75＞0.6

② $\frac{23}{5}=23÷5=4.6$　だから、4.5＜4.6

7 ⑤ $\frac{1}{9}=1÷9=0.111…$で、小数で表せないの

で、分数にそろえて計算します。

$$0.5+\frac{1}{9}=\frac{1}{2}+\frac{1}{9}$$

$$=\frac{9}{18}+\frac{2}{18}$$

$$=\frac{11}{18}$$

⑥ 小数を分数にそろえても、分数を小数にそろえ

てもよいです。

分数にそろえる場合、$\frac{2}{5}-0.3=\frac{2}{5}-\frac{3}{10}$

小数にそろえる場合、$\frac{2}{5}-0.3=0.4-0.3$

8 三角形の3つの角の大きさの和は180°、四角形

の4つの角の大きさの和は360°です。

① 180－(45＋55)＝80

② まず、◌のとなりの角度を求めます。

360－(130＋70＋85)＝75

180－75＝105

③ 二等辺三角形は、2つの角の大きさが等しいか

ら、180－(70＋70)＝40

9 ① 9 cm² ② 20.4 cm² ③ 11 cm²

9 ① 三角形の面積＝底辺×高さ÷2
　　 4.5×4÷2＝9
② 平行四辺形の面積＝底辺×高さ
　　 3.4×6＝20.4
③ 台形の面積＝(上底＋下底)×高さ÷2
　　 (2＋3.5)×4÷2＝11

10 ① 式 (42＋38＋37＋39＋49)÷5＝41
　　　　　　　　　　答え 41 cm
② 式 (3＋8＋6＋12＋0＋4)÷6＝5.5
　　　　　　　　　　答え 5.5 m

10 平均＝合計÷個数で求めます。
② 0 m もふくめて考えます。

11 式 480÷8＝60
　　 350÷5＝70
　　　　　　答え 5 個で 350 円のみかん

12 ① 式 175÷35＝5
　　　　　　　　答え 秒速 5 m
② 式 80×4＝320
　　　　　　　　答え 320 km
③ 式 1500÷75＝20
　　　　　　　　答え 20 分

12 ① 速さ＝道のり÷時間
② 道のり＝速さ×時間
③ 時間＝道のり÷速さ

13 ① 式 6÷15＝$\frac{6}{15}$＝$\frac{2}{5}$　答え $\frac{2}{5}$ 倍
② 0.4 倍

13 ② $\frac{2}{5}$＝2÷5＝0.4（倍）

14 1 辺の長さ…40 cm
紙のまい数…15 まい

14 まず、かべの横とたての長さを cm で表します。
2 m＝200 cm　　1.2 m＝120 cm
同じ大きさの正方形の紙をすきまなくしきつめる。
→正方形の 1 辺の長さは 200 と 120 の公約数
正方形の 1 辺の長さをできるだけ長くする。
→ 200 と 120 の公約数のうち、いちばん大きい数
　　 200 と 120 の最大公約数→ 40
1 辺の長さが 40 cm の正方形の紙は、
かべの横には 200÷40＝5（まい）、
かべのたてには 120÷40＝3（まい）ならびます。

15 3 倍

15 底辺の長さが等しい三角形は、高さが 2 倍、3 倍、
…になると、それにともなって面積も 2 倍、3 倍、
…になるので、面積は高さに比例します。
高さが、2.4÷0.8＝3（倍）なので、面積も 3 倍に
なっています。

16 (例) 1 m² あたりの児童数は、
　 式 A…970÷8600＝0.11…
　　　 B…800÷7890＝0.10…
　　　　　　　答え B（小学校）

16 ならした 1 m² あたりの児童数が少ないほうがすい
ています。
ならした 1 人あたりの面積で比べると、
A…8600÷970＝8.86…
B…7890÷800＝9.86…
ならした 1 人あたりの面積が大きい小学校の校庭の
ほうがすいています。

1 ① 60° ② （例）

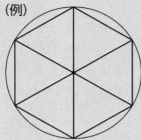

2 ① 直径 ② 3.14

3 ① 式 2×3.14＝6.28

答え 6.28 m

② 式 3.5×2＝7
7×3.14＝21.98

答え 21.98 cm

4 ① 四角柱 ② 円柱
③ 三角柱 ④ 六角柱

5 ① 七角柱 ② 面ＨＪＫＬＭＮＯ
③ 長方形

6 ①②

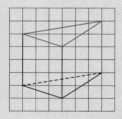

7 ① 52 ％ ② 70 ％
③ 65.4 ％ ④ 125 ％

8 ① 0.07 ② 0.13
③ 1.35 ④ 0.021

---

1 ① 円の中心のまわりの角を 6 等分するので、
360÷6＝60
② 円の中心のまわりの角を 6 等分して半径をかき、円と交わった点を頂点にします。

別の考え
正六角形の 1 つの辺の長さは、円の半径と等しいということを使って、かくこともできます。

2 ① 円周＝直径×円周率
② 円周率は、円周の長さが、直径の何倍になっているかを表す数です。円周率は約 3.14 です。

3 ✌円周＝直径×円周率（3.14）

② 直径は半径の 2 倍だから、3.5×2 で、まず、直径の長さを求めます。

4 ① 底面が四角形の角柱だから、四角柱です。
② 底面が円で、側面が曲面だから、円柱です。
③ 底面が三角形の角柱だから、三角柱です。
④ 底面が六角形の角柱だから、六角柱です。

5 ① 底面が七角形の角柱だから、七角柱です。
② 角柱の底面どうしは、平行で合同です。
③ 角柱の側面は長方形か正方形です。

6 ✌見えない部分は点線でかこう。
辺の平行や垂直の関係に注意してかこう。

7 ✌割合の 1 が 100 ％だから、小数の割合に 100 をかければ、百分率で表せるね。

③ 0.654×100＝65.4（％）
④ 1.25×100＝125（％）

8 ✌100 ％が割合の 1 だから、百分率を 100 でわれば、小数で表せるね。

③ 135÷100＝1.35
④ 2.1÷100＝0.021

9 ① 65 % ② 352 L ③ 180 m²

10 ① 28 % ② およそ $\frac{1}{5}$

11 ①

正六角形の数　□(こ)	1	2	3	4	5
ぼうの数　　　　○(本)	6	11	16	21	26

② (例)5本ずつ増える。
③ 6+5×(□−1)=○
　（または 1+5×□=○）

12 ① 式　200−170=30
　　　　　30÷200=0.15
　　　　　　　　　　　　　　答え　15 %
② 式　(例)280×(1−0.35)=182
　　　　　　　　　　　　　答え　182円

13 ① 5年生…10 %
　　　6年生…15 %
② 正しい　（正しくない）
　理由…(例)5年生のねこを飼いたい人の人数は、200人の25 %だから、
　200×0.25=50(人)
　　6年生のねこを飼いたい人の人数は、180人の25 %だから、
　180×0.25=45(人)
　5年生と6年生のねこを飼いたい人の数は同じになりません。

9 ①

　15.6÷24=0.65 だから、65 %
②
　320×1.1=352 だから、352 L
③
　72÷0.4=180 だから、180 m²

10 ① 伝記は、68−40=28(%)
② 科学と図かんをあわせると、
　89−68=21(%)だから、
　およそ20 %とみて、20÷100=$\frac{1}{5}$

11

正六角形の数　□(こ)	1	2	3	4	5
ぼうの数　　　　○(本)	6	11	16	21	26

5本ずつ増える。

上の表より、6+5×(□−1)=○
また、計算のきまりを使って、1+5×□=○
と表せます。

12 ① 割合＝比べられる量÷もとにする量
　　　200−170=30 〈売れ残った品物の数〉
　　　30÷200=0.15
　　　[比べられる量][もとにする量]
② 代金は、100 %(ねびきをする前のねだん)から35 %をひいた残りの65 %のねだんになります。
　このことを小数を使った式で表すと、
　280×(1−0.35)=280×0.65
　100 % 35 %　　=182　65 %
　別の考え
　35 %のねだんを求めて、もとのねだんからひきます。
　280×0.35=98
　280−98=182

13 ① 帯グラフから、5年生は83−73=10(%)
　6年生は、75−60=15(%)です。
② 割合は、部分と全体、部分どうしを比べるものです。全体の人数がちがうので、5年生と6年生のねこを飼いたい人の数を、割合で比べることはできません。2つの帯グラフから、それぞれの学年の「全体の人数」とねこの「割合」を読み取って、ねこを飼いたい人の数をそれぞれ求めて比べます。

1 ①68 ②0.634

2 ①0.437 ②20.57 ③156

④3.25 ⑤$\frac{6}{5}$($1\frac{1}{5}$) ⑥$\frac{1}{6}$

3 $\frac{5}{2}$、2、$1\frac{1}{3}$、$\frac{3}{4}$、0.5

4 ⑰、あ、①

5 ①36 ②奇数

6 ①6人

②えん筆…4本、消しゴム…3個

7 ①6cm ②36 cm²

8 19 cm³

9 ①三角柱 ②6cm ③12 cm

10 辺 AC、角B

11 108°

12 500 mL

13 ①式 72÷0.08＝900

答え 900 t

②

ある町の農作物の生産量

農作物の種類	米	麦	みかん	ピーマン	その他	合計
生産量(t)	315	225	180	72	108	900
割合(%)	35	25	20	8	12	100

③ **ある町の農作物の生産量**

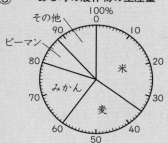

14 ①式 (7+6+13+9)÷4＝8.75

答え 8.75本

②⑦

15 ①

直径の長さ(○cm)	1	2	3	4
円周の長さ(△cm)	3.14	6.28	9.42	12.56

②○×3.14＝△ ③比例

④短いのは…直線アイ(の長さ)

わけ…(例)1つの円の円周の長さは
直径の3.14倍で、直線
アイの長さは直径の3倍
だから。

---

1 ①小数点を右に2けた移します。

②小数点を左に1けた移します。小数点の左に0をつけく
わえるのをわすれないようにしましょう。

3 分数をそれぞれ小数になおすと、

$\frac{5}{2}$＝5÷2＝2.5、 $\frac{3}{4}$＝3÷4＝0.75、

$1\frac{1}{3}$＝1＋1÷3＝1＋0.33…＝1.33…

4 例えば、あ、①の速さを、それぞれ分速になおして比べます。

あ 15×60＝900 分速 900 m

① 60 km は 60000 m で、60000÷60＝1000
分速 1000 m

5 ①9と12の最小公倍数を求めます。

②・2組の人数は1組の人数より1人多い

・2組の人数は偶数だから、1組の人数は、偶数 －1で、
奇数になります。

6 ①24と18の最大公約数を求めます。

7 ①台形ABCDの高さは、三角形ACDの底辺を辺ADとしたと
きの高さと等しくなります。12×2÷4＝6(cm)

②(4＋8)×6÷2＝36(cm²)

8 例えば、右の図のように、3つの
立体に分けて計算します。

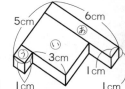

あ6×1×1＝6(cm³)

①(3＋1)×(5－1－1)×1＝12(cm³)

⑰1×1×1＝1(cm³)

だから、あわせて、6＋12＋1＝19(cm³)

ほかにも、分け方はいろいろ考えられます。

9 ③ABの長さは、底面のまわりの長さになります。

だから、5＋3＋4＝12(cm)

10 辺ACの長さ、または角Bの大きさがわかれば、三角形をか
くことができます。

11 正五角形は5つの角の大きさがすべて等しいので、
1つの角の大きさは、540°÷5＝108°

12 これまで売られていたお茶の量を□ mL として式をかくと、
□×(1＋0.2)＝600
□を求める式は、600÷1.2＝500

13 ①(比べられる量)÷(割合)でもとにする量が求められます。

14 ②1組と4組の花だんは面積がちがいます。花の本数でこみ
ぐあいを比べるときは、面積を同じにして比べないと比べ
られないので、⑦はまちがっています。

15 ③「比例の関係」、「比例している」など、「比例」ということば
が入っていれば正解です。

④わけは、円周の長さと直線アイの長さがそれぞれ直径の何
倍になるかで比べられていれば正解とします。

付録 とりはずしてお使いください。

計算
せんもんドリル

5年

5年 組

特色と使い方

● このドリルは、計算力を付けるための計算問題をせんもんにあつかったドリルです。

● 教科書ぴったりトレーニングに、このドリルの何ページをすればよいのかが書いてあります。教科書ぴったりトレーニングにあわせてお使いください。

教科書ぴったり
トレーニングの
ここを見てね

🐾 もくじ 🐾

🏠 おうちのかたへ

・お子さまがお使いの教科書や学校の学習状況により、ドリルのページが前後したり、学習されていない問題が含まれている場合がございます。お子さまの学習状況に応じてお使いください。

・お子さまがお使いの教科書により、教科書ぴったりトレーニングと対応していないページがある場合がございますが、お子さまの興味・関心に応じてお使いください。

1 小数×小数 の筆算①

★ できた問題には、
「た」をかこう！

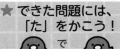

	でき		でき
1	た	**2**	

1 次の計算をしましょう。

① 　　1.4
　　×2.1

② 　　5.8
　　×3.7

③ 　　0.8 3
　×　 4.6

④ 　　2.1 5
　×　 9.3

⑤ 　　4.3
　×0.7 5

⑥ 　　3.6
　×1.7 5

⑦ 　　0.6 2
　×0.7 8

⑧ 　　0.9 3
　×0.0 4

⑨ 　　0.0 5
　×0.8 6

⑩ 　　0.0 7
　×2.9 1

2 次の計算を筆算でしましょう。

月　　　日

① 7.3×5.2

② 0.32×5.5

③ 7.8×2.01

2 小数×小数 の筆算②

★ できた問題には、
「た」をかこう！
😊でき 1 ○   😊でき 2 ○

1 次の計算をしましょう。

月　　日

①	4.2
	×0.8

②	7.7
	×7.6

③	2.81
	× 6.5

④	0.55
	× 6.8

⑤	2.5
	×0.79

⑥	0.89
	×0.71

⑦	0.06
	×0.99

⑧	0.85
	×0.04

⑨	147
	× 3.4

⑩	9.4
	×18.9

2 次の計算を筆算でしましょう。

月　　日

① 7.5×9.4　　　② 0.14×3.3　　　③ 0.8×6.57

3　小数×小数 の筆算③

★ できた問題には、
「た」をかこう！

1 次の計算をしましょう。

① 　 3.2
　　×2.3

② 　 8.6
　　×1.6

③ 　0.3 4
　×　7.1

④ 　0.2 4
　×　7.5

⑤ 　 4.8
　×2.6 3

⑥ 　 0.5
　×8.7 9

⑦ 　0.4 9
　×0.9 3

⑧ 　0.5 9
　×0.0 8

⑨ 　0.0 4
　×0.4 5

⑩ 　1 7.2
　×　3.7

2 次の計算を筆算でしましょう。

① 　0.65×4.2

② 　1.8×1.06

③ 　306×5.8

4 小数×小数 の筆算④

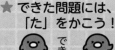

1 次の計算をしましょう。

月　日

```
①     4.8        ②     9.5        ③    0.13        ④    2.76
    ×0.3             ×4.4            ×  9.4           ×  2.6
```

```
⑤     8.7        ⑥     9.5        ⑦    0.79        ⑧    0.03
    ×0.95            ×0.48           ×0.18           ×0.96
```

```
⑨    0.48        ⑩    26.4
    ×0.05            ×  1.9
```

2 次の計算を筆算でしましょう。

月　日

① 0.25×3.6　　　② 9.9×0.42　　　③ 1.3×2.98

5 小数×小数 の筆算⑤

1 次の計算をしましょう。

月　　日

①	1.1	②	4.7	③	0.8 9	④	2.0 4
	×3.3		×2.5		× 5.2		× 3.7

⑤	4.8	⑥	7.5	⑦	0.9 7	⑧	0.3 6
	×5.3 6		×0.8 4		×0.4 3		×0.0 7

⑨	0.0 3	⑩	0.0 8
	×0.6 7		×5.2 5

2 次の計算を筆算でしましょう。

月　　日

① 0.64×4.3　　　② 5.6×0.25　　　③ 81×1.09

6 小数×小数 の筆算⑥

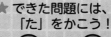 
1 次の計算をしましょう。

月　日

①
```
    8.1
×   1.9
```

②
```
    6.5
×   5.2
```

③
```
   0.79
×   7.2
```

④
```
   0.65
×   3.8
```

⑤
```
    6.2
×  3.84
```

⑥
```
    2.3
×  0.28
```

⑦
```
   0.73
×  0.56
```

⑧
```
   0.08
×  0.52
```

⑨
```
   0.95
×  0.04
```

⑩
```
    183
×   2.6
```

2 次の計算を筆算でしましょう。

月　日

① 0.52×3.7　　② 9.4×0.36　　③ 1.05×4.18

7 小数×小数 の筆算⑦

1 次の計算をしましょう。

月　　日

① 4.1
　×1.2

② 7.5
　×4.3

③ 0.6 9
　×　7.4

④ 5.5
　×0.9 1

⑤ 6.6
　×0.1 5

⑥ 0.5 4
　×0.3 8

⑦ 0.4 9
　×0.0 3

⑧ 0.0 2
　×0.7 5

⑨ 4 8 6
　×　9.9

⑩ 6 3.2
　×　6.5

2 次の計算を筆算でしましょう。

月　　日

① 5.8×4.2

② 1.04×2.06

③ 6×2.93

8 小数÷小数 の筆算①

1 次の計算をしましょう。

月　日

① 7.9〕8.6 9

② 1.3〕8.9 7

③ 3.7〕2.2 2

④ 0.9〕8.8 2

⑤ 2.7〕8.1

⑥ 7.5〕3 7.5

⑦ 0.0 5〕2.3 5

⑧ 0.7 4〕8.8 8

⑨ 2.4 3〕1 2.1 5

⑩ 5.5〕2 2

2 次の計算を筆算でしましょう。

月　日

① 21.08÷3.4

② 5.68÷1.42

③ 80÷3.2

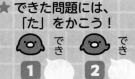

★ できた問題には、
「た」をかこう!

でき **1** でき **2**

1 次の計算をしましょう。　　　　　　　　　　　　　　　　月　　日

① 7.6〃9.88

② 4.4〃8.36

③ 4.8〃3.36

④ 0.4〃1.52

⑤ 2.6〃7.8

⑥ 6.4〃51.2

⑦ 0.06〃5.82

⑧ 0.63〃1.89

⑨ 1.18〃8.26

⑩ 1.5〃84

2 次の計算を筆算でしましょう。　　　　　　　　　　　　　　　月　　日

① 23.25÷2.5

② 45.48÷3.79

③ 15÷0.25

10 小数÷小数 の筆算③

1 次の計算をしましょう。　　　　　　　　　　　　　月　　　日

① 2.1)5.6 7

② 1.4)8.2 6

③ 4.7)3.7 6

④ 0.3)1.0 2

⑤ 1.5)7.5

⑥ 3.8)1 1.4

⑦ 0.0 8)4.9 6

⑧ 0.8 2)7.3 8

⑨ 2.9 2)2 3.3 6

⑩ 1.5 9)4 7.7

2 次の計算を筆算でしましょう。　　　　　　　　　　　月　　　日

① 12.73÷6.7　　　② 9.15÷1.83　　　③ 40÷1.6

1 次の計算をしましょう。

月　　日

① 5.3〉8.4 8

② 7.4〉9.6 2

③ 2.9〉1.4 5

④ 0.7〉3.9 9

⑤ 2.3〉9.2

⑥ 8.6〉6 8.8

⑦ 0.0 3〉1.3 8

⑧ 0.8 1〉6.4 8

⑨ 2.2 6〉9.0 4

⑩ 2.4〉6 0

2 次の計算を筆算でしましょう。

月　　日

① 21.45÷6.5

② 47.55÷3.17

③ 54÷1.35

12 小数÷小数 の筆算⑤

1 次の計算をしましょう。

月　　日

① $5.2 \overline{)\ 9.3\ 6}$

② $1.6 \overline{)\ 8.4\ 8}$

③ $1.7 \overline{)\ 1.0\ 2}$

④ $0.8 \overline{)\ 5.3\ 6}$

⑤ $2.4 \overline{)\ 9.6}$

⑥ $4.1 \overline{)\ 3\ 6.9}$

⑦ $0.0\ 5 \overline{)\ 2.7\ 5}$

⑧ $0.3\ 9 \overline{)\ 6.2\ 4}$

⑨ $1.8\ 2 \overline{)\ 3\ 4.5\ 8}$

⑩ $0.0\ 4 \overline{)\ 1\ 2.4}$

2 次の計算を筆算でしましょう。

月　　日

① $33.11 \div 4.3$

② $7.84 \div 1.96$

③ $84 \div 5.6$

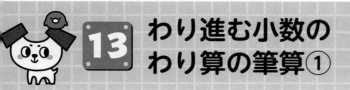

13 わり進む小数の わり算の筆算①

1 次のわり算を、わり切れるまで計算しましょう。

① 4.2)3.5 7

② 3.5)1.8 9

③ 2.4)1.8

④ 2.5)1.6

⑤ 1.6)4

⑥ 7.2)4 5

⑦ 0.5 4)1.3 5

⑧ 1.1 6)8.7

2 次の計算を筆算で、わり切れるまでしましょう。

① 1.02÷1.5　　② 24÷7.5　　③ 3.72÷2.48

★ できた問題には、
「た」をかこう！

14 わり進む小数の わり算の筆算②

1 次のわり算を、わり切れるまで計算しましょう。
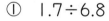

① 4.5) 2.8 8

② 9.2) 3.2 2

③ 1.6) 1.2

④ 7.5) 3.3

⑤ 2.4) 3

⑥ 2.5) 8 4

⑦ 3.9 2) 5.8 8

⑧ 3.2 4) 8.1

2 次の計算を筆算で、わり切れるまでしましょう。

① 1.7÷6.8

② 9÷2.4

③ 9.6÷1.28

1 商を四捨五入して、$\frac{1}{10}$ の位までのがい数で表しましょう。

月　　日

①
$$3.7\overline{)6.94}$$

②
$$0.81\overline{)9}$$

③
$$0.7\overline{)9.5}$$

④
$$2.7\overline{)34.9}$$

2 商を四捨五入して、上から2けたのがい数で表しましょう。

月　　日

①
$$0.7\overline{)5.8}$$

②
$$3.6\overline{)9.05}$$

③
$$8.1\overline{)9.58}$$

④
$$2.3\overline{)18.6}$$

16 商をがい数で表す小数の わり算の筆算②

★ できた問題には、「た」をかこう！
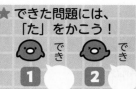

1 商を四捨五入して、$\frac{1}{10}$ の位までのがい数で表しましょう。

月　　日

① 6.3) 7.6 1

② 1.3) 7

③ 7.1) 5.1

④ 4 5.3) 8

2 商を四捨五入して、上から 2 けたのがい数で表しましょう。

月　　日

① 2.7) 5.9

② 5.3) 5.9 4

③ 1.9) 3

④ 1 9.8) 2 6

17 あまりを出す小数の わり算

1 商を一の位まで求め、あまりも出しましょう。

月　　日

① 0.6) 5.8

② 1.6) 5.8

③ 3.7) 2 9.5

④ 5.4) 7 4.5

⑤ 2.1) 9 1.2

⑥ 2.9) 9.3 5

⑦ 1.4) 8.7 3

⑧ 3.8) 7.5 1

2 商を一の位まで求め、あまりも出しましょう。

月　　日

① 1.3) 4

② 4.3) 1 6

③ 2.4) 6 1

④ 6.6) 7 9

⑤ 0.4) 2.5 1

⑥ 6.7) 2 8 4

⑦ 2.4) 9 0 5

⑧ 3.9) 6 5 7

18 分数のたし算①

1 次の計算をしましょう。

月　　日

① $\dfrac{1}{3} + \dfrac{1}{2}$

② $\dfrac{1}{2} + \dfrac{3}{8}$

③ $\dfrac{1}{6} + \dfrac{5}{9}$

④ $\dfrac{1}{4} + \dfrac{3}{10}$

⑤ $\dfrac{2}{3} + \dfrac{3}{4}$

⑥ $\dfrac{7}{8} + \dfrac{1}{6}$

2 次の計算をしましょう。

月　　日

① $\dfrac{1}{2} + \dfrac{3}{10}$

② $\dfrac{1}{15} + \dfrac{3}{5}$

③ $\dfrac{1}{6} + \dfrac{9}{14}$

④ $\dfrac{3}{10} + \dfrac{5}{14}$

⑤ $\dfrac{1}{6} + \dfrac{14}{15}$

⑥ $\dfrac{9}{10} + \dfrac{3}{5}$

19 分数のたし算②

1 次の計算をしましょう。 月 日

① $\dfrac{2}{5} + \dfrac{1}{3}$

② $\dfrac{1}{6} + \dfrac{3}{7}$

③ $\dfrac{1}{4} + \dfrac{3}{16}$

④ $\dfrac{7}{12} + \dfrac{2}{9}$

⑤ $\dfrac{5}{6} + \dfrac{1}{5}$

⑥ $\dfrac{3}{4} + \dfrac{5}{8}$

2 次の計算をしましょう。 月 日

① $\dfrac{1}{6} + \dfrac{1}{2}$

② $\dfrac{7}{10} + \dfrac{2}{15}$

③ $\dfrac{6}{7} + \dfrac{9}{14}$

④ $\dfrac{13}{15} + \dfrac{1}{3}$

⑤ $\dfrac{7}{10} + \dfrac{5}{6}$

⑥ $\dfrac{5}{6} + \dfrac{5}{14}$

20 分数のたし算③

1 次の計算をしましょう。

月　日

① $\dfrac{1}{2} + \dfrac{2}{5}$

② $\dfrac{2}{3} + \dfrac{1}{8}$

③ $\dfrac{1}{5} + \dfrac{7}{10}$

④ $\dfrac{1}{4} + \dfrac{9}{14}$

⑤ $\dfrac{2}{3} + \dfrac{4}{9}$

⑥ $\dfrac{3}{4} + \dfrac{3}{10}$

2 次の計算をしましょう。

月　日

① $\dfrac{1}{12} + \dfrac{1}{4}$

② $\dfrac{3}{10} + \dfrac{1}{6}$

③ $\dfrac{11}{15} + \dfrac{1}{6}$

④ $\dfrac{1}{2} + \dfrac{9}{14}$

⑤ $\dfrac{2}{3} + \dfrac{5}{6}$

⑥ $\dfrac{14}{15} + \dfrac{9}{10}$

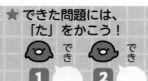

1 次の計算をしましょう。

月　　日

① $\dfrac{1}{4} - \dfrac{1}{9}$

② $\dfrac{6}{5} - \dfrac{6}{7}$

③ $\dfrac{3}{4} - \dfrac{1}{2}$

④ $\dfrac{8}{9} - \dfrac{1}{3}$

⑤ $\dfrac{5}{8} - \dfrac{1}{6}$

⑥ $\dfrac{5}{4} - \dfrac{1}{6}$

2 次の計算をしましょう。

月　　日

① $\dfrac{9}{10} - \dfrac{2}{5}$

② $\dfrac{5}{6} - \dfrac{1}{3}$

③ $\dfrac{3}{2} - \dfrac{9}{14}$

④ $\dfrac{4}{3} - \dfrac{8}{15}$

⑤ $\dfrac{11}{6} - \dfrac{9}{10}$

⑥ $\dfrac{23}{10} - \dfrac{7}{15}$

22 分数のひき算②

1 次の計算をしましょう。

① $\dfrac{2}{3} - \dfrac{2}{5}$

② $\dfrac{4}{7} - \dfrac{1}{2}$

③ $\dfrac{7}{8} - \dfrac{1}{2}$

④ $\dfrac{2}{3} - \dfrac{5}{9}$

⑤ $\dfrac{5}{4} - \dfrac{7}{10}$

⑥ $\dfrac{11}{8} - \dfrac{1}{6}$

2 次の計算をしましょう。

① $\dfrac{4}{5} - \dfrac{3}{10}$

② $\dfrac{9}{14} - \dfrac{1}{2}$

③ $\dfrac{7}{15} - \dfrac{1}{6}$

④ $\dfrac{7}{6} - \dfrac{9}{10}$

⑤ $\dfrac{14}{15} - \dfrac{4}{21}$

⑥ $\dfrac{19}{15} - \dfrac{1}{10}$

23 分数のひき算③

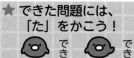
1 次の計算をしましょう。

月　　日

① $\dfrac{2}{3} - \dfrac{1}{4}$

② $\dfrac{2}{7} - \dfrac{1}{8}$

③ $\dfrac{3}{4} - \dfrac{1}{2}$

④ $\dfrac{5}{8} - \dfrac{1}{4}$

⑤ $\dfrac{5}{6} - \dfrac{2}{9}$

⑥ $\dfrac{3}{4} - \dfrac{1}{6}$

2 次の計算をしましょう。

月　　日

① $\dfrac{5}{6} - \dfrac{1}{2}$

② $\dfrac{19}{18} - \dfrac{1}{2}$

③ $\dfrac{7}{6} - \dfrac{5}{12}$

④ $\dfrac{13}{15} - \dfrac{7}{10}$

⑤ $\dfrac{7}{6} - \dfrac{7}{10}$

⑥ $\dfrac{11}{6} - \dfrac{2}{15}$

1 次の計算をしましょう。

月　　日

① $\dfrac{1}{2}+\dfrac{1}{3}+\dfrac{1}{4}$

② $\dfrac{1}{2}+\dfrac{3}{4}+\dfrac{2}{5}$

③ $\dfrac{1}{3}+\dfrac{3}{4}+\dfrac{1}{6}$

④ $\dfrac{1}{2}-\dfrac{1}{4}-\dfrac{1}{6}$

⑤ $\dfrac{14}{15}-\dfrac{1}{10}-\dfrac{1}{2}$

⑥ $1-\dfrac{1}{10}-\dfrac{5}{6}$

2 次の計算をしましょう。

月　　日

① $\dfrac{4}{5}-\dfrac{3}{4}+\dfrac{1}{2}$

② $\dfrac{5}{6}-\dfrac{3}{4}+\dfrac{2}{3}$

③ $\dfrac{8}{9}-\dfrac{1}{2}+\dfrac{5}{6}$

④ $\dfrac{1}{2}+\dfrac{2}{3}-\dfrac{8}{9}$

⑤ $\dfrac{3}{4}+\dfrac{1}{3}-\dfrac{5}{6}$

⑥ $\dfrac{9}{10}+\dfrac{1}{2}-\dfrac{2}{5}$

25 帯分数のたし算①

★ できた問題には、
「た」をかこう！
1 でき 2 でき

1 次の計算をしましょう。

月　　日

① $1\dfrac{1}{2}+\dfrac{1}{3}$

② $\dfrac{1}{6}+1\dfrac{7}{8}$

③ $1\dfrac{1}{4}+1\dfrac{2}{5}$

④ $1\dfrac{5}{7}+1\dfrac{1}{2}$

2 次の計算をしましょう。

月　　日

① $1\dfrac{3}{4}+\dfrac{7}{12}$

② $\dfrac{3}{10}+2\dfrac{5}{6}$

③ $1\dfrac{1}{2}+2\dfrac{3}{10}$

④ $2\dfrac{5}{6}+1\dfrac{7}{15}$

26 帯分数のたし算②

1 次の計算をしましょう。

月　　日

① $1\dfrac{2}{3}+\dfrac{2}{5}$

② $\dfrac{7}{9}+2\dfrac{5}{6}$

③ $1\dfrac{2}{3}+4\dfrac{1}{9}$

④ $1\dfrac{3}{4}+1\dfrac{5}{6}$

2 次の計算をしましょう。

月　　日

① $2\dfrac{1}{2}+\dfrac{7}{10}$

② $\dfrac{1}{6}+1\dfrac{13}{14}$

③ $1\dfrac{7}{12}+1\dfrac{2}{3}$

④ $1\dfrac{5}{6}+1\dfrac{7}{10}$

27 帯分数のたし算③

1 次の計算をしましょう。 　　　　　　　　　月　　日

① $1\dfrac{4}{5} + \dfrac{1}{2}$

② $\dfrac{3}{4} + 1\dfrac{3}{10}$

③ $1\dfrac{1}{2} + 1\dfrac{6}{7}$

④ $1\dfrac{5}{6} + 1\dfrac{2}{9}$

2 次の計算をしましょう。 　　　　　　　　　月　　日

① $2\dfrac{1}{2} + \dfrac{9}{10}$

② $\dfrac{11}{12} + 2\dfrac{1}{4}$

③ $2\dfrac{5}{14} + 1\dfrac{1}{2}$

④ $2\dfrac{1}{6} + 1\dfrac{9}{10}$

28 帯分数のたし算④

1 次の計算をしましょう。

月　　　日

① $1\dfrac{2}{5}+\dfrac{2}{7}$

② $\dfrac{5}{8}+1\dfrac{5}{12}$

③ $1\dfrac{2}{3}+3\dfrac{8}{9}$

④ $1\dfrac{5}{6}+1\dfrac{3}{4}$

2 次の計算をしましょう。

月　　　日

① $2\dfrac{9}{10}+\dfrac{3}{5}$

② $\dfrac{5}{6}+1\dfrac{1}{15}$

③ $1\dfrac{9}{14}+1\dfrac{6}{7}$

④ $1\dfrac{3}{10}+2\dfrac{13}{15}$

29 帯分数のひき算①

1 次の計算をしましょう。

① $1\dfrac{1}{2} - \dfrac{2}{3}$

② $3\dfrac{2}{3} - 2\dfrac{2}{5}$

③ $3\dfrac{1}{4} - 2\dfrac{1}{2}$

④ $2\dfrac{7}{15} - 1\dfrac{5}{6}$

2 次の計算をしましょう。

① $1\dfrac{1}{6} - \dfrac{9}{10}$

② $4\dfrac{5}{6} - 2\dfrac{1}{3}$

③ $5\dfrac{2}{5} - 4\dfrac{9}{10}$

④ $4\dfrac{5}{12} - 1\dfrac{2}{3}$

30 帯分数のひき算②

1 次の計算をしましょう。

① $2\dfrac{1}{4} - \dfrac{2}{3}$

② $2\dfrac{3}{4} - 1\dfrac{4}{7}$

③ $3\dfrac{2}{9} - 2\dfrac{5}{6}$

④ $4\dfrac{4}{15} - 3\dfrac{4}{9}$

2 次の計算をしましょう。

① $1\dfrac{1}{7} - \dfrac{9}{14}$

② $4\dfrac{3}{4} - 2\dfrac{1}{12}$

③ $5\dfrac{1}{14} - 4\dfrac{1}{6}$

④ $5\dfrac{5}{12} - 2\dfrac{13}{15}$

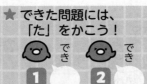
31 帯分数のひき算③

1 次の計算をしましょう。

月　　日

① $2\dfrac{6}{7} - \dfrac{2}{3}$

② $2\dfrac{2}{3} - 1\dfrac{5}{6}$

③ $3\dfrac{1}{10} - 1\dfrac{1}{4}$

④ $2\dfrac{1}{4} - 1\dfrac{5}{6}$

2 次の計算をしましょう。

月　　日

① $3\dfrac{1}{6} - \dfrac{1}{2}$

② $2\dfrac{1}{2} - 1\dfrac{3}{14}$

③ $4\dfrac{1}{10} - 3\dfrac{1}{6}$

④ $3\dfrac{1}{6} - 1\dfrac{13}{15}$

32 帯分数のひき算④

1 次の計算をしましょう。

月　　日

① $2\dfrac{2}{3} - \dfrac{3}{4}$

② $2\dfrac{5}{7} - 1\dfrac{1}{2}$

③ $2\dfrac{5}{8} - 1\dfrac{1}{4}$

④ $3\dfrac{1}{6} - 2\dfrac{5}{9}$

2 次の計算をしましょう。

月　　日

① $1\dfrac{3}{5} - \dfrac{1}{10}$

② $5\dfrac{1}{3} - 4\dfrac{7}{12}$

③ $4\dfrac{1}{2} - 2\dfrac{5}{6}$

④ $2\dfrac{3}{10} - 1\dfrac{7}{15}$

答え

1 小数×小数 の筆算①

1 ①2.94 ②21.46 ③3.818 ④19.995
⑤3.225 ⑥6.3 ⑦0.4836 ⑧0.0372
⑨0.043 ⑩0.2037

2

```
①    7.3      ②    0.32     ③       7.8
   × 5.2         ×  5.5          × 2.0 I
    1 4 6          1 6 0            7 8
   3 6 5          1 6 0          1 5 6
  3 7.9 6        1.7 6 0        1 5.6 7 8
```

2 小数×小数 の筆算②

1 ①3.36 ②58.52 ③18.265 ④3.74
⑤1.975 ⑥0.6319 ⑦0.0594 ⑧0.034
⑨499.8 ⑩177.66

2

```
①    7.5      ②    0.14     ③      0.8
   × 9.4         ×  3.3          × 6.5 7
   3 0 0           4 2            5 6
   6 7 5           4 2            4 0
  7 0.5 0        0.4 6 2          4 8
                              5.2 5 6
```

3 小数×小数 の筆算③

1 ①7.36 ②13.76 ③2.414 ④1.8
⑤12.624 ⑥4.395 ⑦0.4557 ⑧0.0472
⑨0.018 ⑩63.64

2

```
①    0.65     ②    1.8      ③     3 0 6
   ×  4.2        × 1.0 6         ×  5.8
    1 3 0         1 0 8          2 4 4 8
   2 6 0            1 8          1 5 3 0
  2.7 3 0        1.9 0 8        1 7 7 4.8
```

4 小数×小数 の筆算④

1 ①1.44 ②41.8 ③1.222 ④7.176
⑤8.265 ⑥4.56 ⑦0.1422 ⑧0.0288
⑨0.024 ⑩50.16

2

```
①    0.25     ②    9.9      ③     1.3
   ×  3.6        × 0.4 2         × 2.9 8
    1 5 0         1 9 8          1 0 4
    7 5           3 9 6          1 1 7
  0.9 0 0        4.1 5 8          2 6
                              3.8 7 4
```

5 小数×小数 の筆算⑤

1 ①3.63 ②11.75 ③4.628 ④7.548
⑤25.728 ⑥6.3 ⑦0.4171 ⑧0.0252
⑨0.0201 ⑩0.42

2

```
①    0.64     ②    5.6      ③      8 1
   ×  4.3        × 0.2 5         × 1.0 9
    1 9 2         2 8 0            7 2 9
   2 5 6         1 1 2             8 1
  2.7 5 2        1.4 0 0         8 8.2 9
```

6 小数×小数 の筆算⑥

1 ①15.39 ②33.8 ③5.688 ④2.47
⑤23.808 ⑥0.644 ⑦0.4088 ⑧0.0416
⑨0.038 ⑩475.8

2

```
①    0.52     ②    9.4      ③      1.05
   ×  3.7        × 0.3 6         × 4.1 8
    3 6 4         5 6 4            8 4 0
   1 5 6         2 8 2          1 0 5
  1.9 2 4        3.3 8 4        4 2 0
                              4.3 8 9 0
```

7 小数×小数 の筆算⑦

1 ①4.92 ②32.25 ③5.106 ④5.005
⑤0.99 ⑥0.2052 ⑦0.0147 ⑧0.015
⑨4811.4 ⑩410.8

2

```
①    5.8      ②    1.04     ③       6
   ×  4.2        × 2.0 6         × 2.9 3
    1 1 6         6 2 4            1 8
   2 3 2         2 0 8            5 4
  2 4.3 6        2.1 4 2 4        1 2
                              1 7.5 8
```

8　小数÷小数　の筆算①

1 ①1.1　②6.9　③0.6　④9.8
⑤3　⑥65　⑦47　⑧12
⑨5　⑩04

2 ①
```
        6.2
3,4) 2 1,0.8
     2 0 4
         6 8
         6 8
           0
```

②
```
          4
1,42) 5,68
      5 6 8
          0
```

③
```
        2 5
3,2) 8 0 0
     6 4
     1 6 0
     1 6 0
         0
```

9　小数÷小数　の筆算②

1 ①1.3　②1.9　③0.7　④3.8
⑤3　⑥68　⑦97　⑧3
⑨7　⑩56

2 ①
```
        9.3
2,5) 2 3,2.5
     2 2 5
         7 5
         7 5
           0
```

②
```
          1 2
3,79) 4 5,4 8
      3 7 9
         7 5 8
         7 5 8
             0
```

③
```
          6 0
0,25) 1 5 0 0
      1 5 0
          0
```

10　小数÷小数　の筆算③

1 ①2.7　②5.9　③0.8　④3.4
⑤5　⑥3　⑦62　⑧9
⑨8　⑩30

2 ①
```
        1.9
6,7) 1 2,7.3
     6 7
     6 0 3
     6 0 3
         0
```

②
```
          5
1,83) 9,1 5
      9 1 5
          0
```

③
```
        2 5
1,6) 4 0 0
     3 2
     8 0
     8 0
       0
```

11　小数÷小数　の筆算④

1 ①1.6　②1.3　③0.5　④5.7
⑤4　⑥8　⑦46　⑧8
⑨4　⑩25

2 ①
```
        3.3
6,5) 2 1,4.5
     1 9 5
     1 9 5
     1 9 5
         0
```

②
```
          1 5
3,17) 4 7,5 5
      3 1 7
      1 5 8 5
      1 5 8 5
              0
```

③
```
          4 0
1,35) 5 4 0 0
      5 4 0
          0
```

12　小数÷小数　の筆算⑤

1 ①1.8　②5.3　③0.6　④6.7
⑤4　⑥9　⑦55　⑧16
⑨19　⑩310

2 ①
```
        7.7
4,3) 3 3,1.1
     3 0 1
     3 0 1
     3 0 1
         0
```

②
```
          4
1,96) 7,8 4
      7 8 4
          0
```

③
```
        1 5
5,6) 8 4 0
     5 6
     2 8 0
     2 8 0
         0
```

13 わり進む小数のわり算の筆算①

1 ①0.85　②0.54　③0.75　④0.64
⑤2.5　⑥6.25　⑦2.5　⑧7.5

2 ①
```
        0.6 8
1.5 )1.0.2
      9 0
      1 2 0
      1 2 0
          0
```
②
```
        3.2
7.5 )2 4 0
     2 2 5
       1 5 0
       1 5 0
           0
```
③
```
          1.5
2.48 )3.7 2
      2 4 8
      1 2 4 0
      1 2 4 0
            0
```

14 わり進む小数のわり算の筆算②

1 ①0.64　②0.35　③0.75　④0.44
⑤1.25　⑥33.6　⑦1.5　⑧2.5

2 ①
```
        0.2 5
6.8 )1.7.0
     1 3 6
       3 4 0
       3 4 0
           0
```
②
```
        3.7 5
2.4 )9 0
     7 2
     1 8 0
     1 6 8
       1 2 0
       1 2 0
           0
```
③
```
          7.5
1.28 )9.6 0
      8 9 6
        6 4 0
        6 4 0
            0
```

15 商をがい数で表す小数のわり算の筆算①

1 ①1.9　②11.1　③13.6　④12.9
2 ①8.3　②2.5　③1.2　④8.1

16 商をがい数で表す小数のわり算の筆算②

1 ①1.2　②5.4　③0.7　④0.2
2 ①2.2　②1.1　③1.6　④1.3

17 あまりを出す小数のわり算

1 ①9 あまり 0.4　②3 あまり 1
③7 あまり 3.6　④13 あまり 4.3
⑤43 あまり 0.9　⑥3 あまり 0.65
⑦6 あまり 0.33　⑧1 あまり 3.71

2 ①3 あまり 0.1　②3 あまり 3.1
③25 あまり 1　④11 あまり 6.4
⑤6 あまり 0.11　⑥42 あまり 2.6
⑦377 あまり 0.2　⑧168 あまり 1.8

18 分数のたし算①

1 ①$\frac{5}{6}$　　②$\frac{7}{8}$
③$\frac{13}{18}$　　④$\frac{11}{20}$
⑤$\frac{17}{12}\left(1\frac{5}{12}\right)$　　⑥$\frac{25}{24}\left(1\frac{1}{24}\right)$

2 ①$\frac{4}{5}$　　②$\frac{2}{3}$
③$\frac{17}{21}$　　④$\frac{23}{35}$
⑤$\frac{11}{10}\left(1\frac{1}{10}\right)$　　⑥$\frac{3}{2}\left(1\frac{1}{2}\right)$

19 分数のたし算②

1 ①$\frac{11}{15}$　　②$\frac{25}{42}$
③$\frac{7}{16}$　　④$\frac{29}{36}$
⑤$\frac{31}{30}\left(1\frac{1}{30}\right)$　　⑥$\frac{11}{8}\left(1\frac{3}{8}\right)$

2 ①$\frac{2}{3}$　　②$\frac{5}{6}$
③$\frac{3}{2}\left(1\frac{1}{2}\right)$　　④$\frac{6}{5}\left(1\frac{1}{5}\right)$
⑤$\frac{23}{15}\left(1\frac{8}{15}\right)$　　⑥$\frac{25}{21}\left(1\frac{4}{21}\right)$

20 分数のたし算③

1 ① $\dfrac{9}{10}$ ② $\dfrac{19}{24}$

③ $\dfrac{9}{10}$ ④ $\dfrac{25}{28}$

⑤ $\dfrac{10}{9}\left(1\dfrac{1}{9}\right)$ ⑥ $\dfrac{21}{20}\left(1\dfrac{1}{20}\right)$

2 ① $\dfrac{1}{3}$ ② $\dfrac{7}{15}$

③ $\dfrac{9}{10}$ ④ $\dfrac{8}{7}\left(1\dfrac{1}{7}\right)$

⑤ $\dfrac{3}{2}\left(1\dfrac{1}{2}\right)$ ⑥ $\dfrac{11}{6}\left(1\dfrac{5}{6}\right)$

21 分数のひき算①

1 ① $\dfrac{5}{36}$ ② $\dfrac{12}{35}$

③ $\dfrac{1}{4}$ ④ $\dfrac{5}{9}$

⑤ $\dfrac{11}{24}$ ⑥ $\dfrac{13}{12}\left(1\dfrac{1}{12}\right)$

2 ① $\dfrac{1}{2}$ ② $\dfrac{1}{2}$

③ $\dfrac{6}{7}$ ④ $\dfrac{4}{5}$

⑤ $\dfrac{14}{15}$ ⑥ $\dfrac{11}{6}\left(1\dfrac{5}{6}\right)$

22 分数のひき算②

1 ① $\dfrac{4}{15}$ ② $\dfrac{1}{14}$

③ $\dfrac{3}{8}$ ④ $\dfrac{1}{9}$

⑤ $\dfrac{11}{20}$ ⑥ $\dfrac{29}{24}\left(1\dfrac{5}{24}\right)$

2 ① $\dfrac{1}{2}$ ② $\dfrac{1}{7}$

③ $\dfrac{3}{10}$ ④ $\dfrac{4}{15}$

⑤ $\dfrac{26}{35}$ ⑥ $\dfrac{7}{6}\left(1\dfrac{1}{6}\right)$

23 分数のひき算③

1 ① $\dfrac{5}{12}$ ② $\dfrac{9}{56}$

③ $\dfrac{1}{4}$ ④ $\dfrac{3}{8}$

⑤ $\dfrac{11}{18}$ ⑥ $\dfrac{7}{12}$

2 ① $\dfrac{1}{3}$ ② $\dfrac{5}{9}$

③ $\dfrac{3}{4}$ ④ $\dfrac{1}{6}$

⑤ $\dfrac{7}{15}$ ⑥ $\dfrac{17}{10}\left(1\dfrac{7}{10}\right)$

24 3つの分数のたし算・ひき算

1 ① $\dfrac{13}{12}\left(1\dfrac{1}{12}\right)$ ② $\dfrac{33}{20}\left(1\dfrac{13}{20}\right)$

③ $\dfrac{5}{4}\left(1\dfrac{1}{4}\right)$ ④ $\dfrac{1}{12}$

⑤ $\dfrac{1}{3}$ ⑥ $\dfrac{1}{15}$

2 ① $\dfrac{11}{20}$ ② $\dfrac{3}{4}$

③ $\dfrac{11}{9}\left(1\dfrac{2}{9}\right)$ ④ $\dfrac{5}{18}$

⑤ $\dfrac{1}{4}$ ⑥ 1

25 帯分数のたし算①

1 ① $\dfrac{11}{6}\left(1\dfrac{5}{6}\right)$ ② $\dfrac{49}{24}\left(2\dfrac{1}{24}\right)$

③ $\dfrac{53}{20}\left(2\dfrac{13}{20}\right)$ ④ $\dfrac{45}{14}\left(3\dfrac{3}{14}\right)$

2 ① $\dfrac{7}{3}\left(2\dfrac{1}{3}\right)$ ② $\dfrac{47}{15}\left(3\dfrac{2}{15}\right)$

③ $\dfrac{19}{5}\left(3\dfrac{4}{5}\right)$ ④ $\dfrac{43}{10}\left(4\dfrac{3}{10}\right)$

26 帯分数のたし算②

1 ① $\dfrac{31}{15}\left(2\dfrac{1}{15}\right)$ ② $\dfrac{65}{18}\left(3\dfrac{11}{18}\right)$

③ $\dfrac{52}{9}\left(5\dfrac{7}{9}\right)$ ④ $\dfrac{43}{12}\left(3\dfrac{7}{12}\right)$

2 ① $\dfrac{16}{5}\left(3\dfrac{1}{5}\right)$ ② $\dfrac{44}{21}\left(2\dfrac{2}{21}\right)$

③ $\dfrac{13}{4}\left(3\dfrac{1}{4}\right)$ ④ $\dfrac{53}{15}\left(3\dfrac{8}{15}\right)$

27 帯分数のたし算③

1　① $\dfrac{23}{10}\left(2\dfrac{3}{10}\right)$　　② $\dfrac{41}{20}\left(2\dfrac{1}{20}\right)$

　　③ $\dfrac{47}{14}\left(3\dfrac{5}{14}\right)$　　④ $\dfrac{55}{18}\left(3\dfrac{1}{18}\right)$

2　① $\dfrac{17}{5}\left(3\dfrac{2}{5}\right)$　　② $\dfrac{19}{6}\left(3\dfrac{1}{6}\right)$

　　③ $\dfrac{27}{7}\left(3\dfrac{6}{7}\right)$　　④ $\dfrac{61}{15}\left(4\dfrac{1}{15}\right)$

28 帯分数のたし算④

1　① $\dfrac{59}{35}\left(1\dfrac{24}{35}\right)$　　② $\dfrac{49}{24}\left(2\dfrac{1}{24}\right)$

　　③ $\dfrac{50}{9}\left(5\dfrac{5}{9}\right)$　　④ $\dfrac{43}{12}\left(3\dfrac{7}{12}\right)$

2　① $\dfrac{7}{2}\left(3\dfrac{1}{2}\right)$　　② $\dfrac{19}{10}\left(1\dfrac{9}{10}\right)$

　　③ $\dfrac{7}{2}\left(3\dfrac{1}{2}\right)$　　④ $\dfrac{25}{6}\left(4\dfrac{1}{6}\right)$

29 帯分数のひき算①

1　① $\dfrac{5}{6}$　　② $\dfrac{19}{15}\left(1\dfrac{4}{15}\right)$

　　③ $\dfrac{3}{4}$　　④ $\dfrac{19}{30}$

2　① $\dfrac{4}{15}$　　② $\dfrac{5}{2}\left(2\dfrac{1}{2}\right)$

　　③ $\dfrac{1}{2}$　　④ $\dfrac{11}{4}\left(2\dfrac{3}{4}\right)$

30 帯分数のひき算②

1　① $\dfrac{19}{12}\left(1\dfrac{7}{12}\right)$　　② $\dfrac{33}{28}\left(1\dfrac{5}{28}\right)$

　　③ $\dfrac{7}{18}$　　④ $\dfrac{37}{45}$

2　① $\dfrac{1}{2}$　　② $\dfrac{8}{3}\left(2\dfrac{2}{3}\right)$

　　③ $\dfrac{19}{21}$　　④ $\dfrac{51}{20}\left(2\dfrac{11}{20}\right)$

31 帯分数のひき算③

1　① $\dfrac{46}{21}\left(2\dfrac{4}{21}\right)$　　② $\dfrac{5}{6}$

　　③ $\dfrac{37}{20}\left(1\dfrac{17}{20}\right)$　　④ $\dfrac{5}{12}$

2　① $\dfrac{8}{3}\left(2\dfrac{2}{3}\right)$　　② $\dfrac{9}{7}\left(1\dfrac{2}{7}\right)$

　　③ $\dfrac{14}{15}$　　④ $\dfrac{13}{10}\left(1\dfrac{3}{10}\right)$

32 帯分数のひき算④

1　① $\dfrac{23}{12}\left(1\dfrac{11}{12}\right)$　　② $\dfrac{17}{14}\left(1\dfrac{3}{14}\right)$

　　③ $\dfrac{11}{8}\left(1\dfrac{3}{8}\right)$　　④ $\dfrac{11}{18}$

2　① $\dfrac{3}{2}\left(1\dfrac{1}{2}\right)$　　② $\dfrac{3}{4}$

　　③ $\dfrac{5}{3}\left(1\dfrac{2}{3}\right)$　　④ $\dfrac{5}{6}$

A